U0501767

改变你一生的小故事

叶 新◎著

江西人民出版社
Jiangxi People's Publishing House
全国百佳出版社

图书在版编目（CIP）数据

改变你一生的小故事 / 叶新著. -- 南昌：江西人
民出版社，2018.7

ISBN 978-7-210-10037-9

Ⅰ.①改… Ⅱ.①叶… Ⅲ.①故事—作品集—世界

Ⅳ.①I14

中国版本图书馆CIP数据核字（2018）第000323号

改变你一生的小故事

叶　新 / 著

责任编辑 / 辛康南

出版发行 / 江西人民出版社

印刷 / 保定市西城胶印有限公司

版次 / 2018年7月第1版

2018年7月第1次印刷

880毫米×1280毫米　1/32　7印张

字数 / 140千字

ISBN 978-7-210-10037-9

定价 / 29.00元

赣版权登字-01-2017-1088

如有质量问题，请寄回印厂调换。联系电话：010-64926437

前 言

没有改变的世界是平常的，没有改变的人生是平庸的。

没有人喜欢一成不变，没有人甘于一生平庸，没有人愿意一事无成。在一个迅猛改变、快速颠覆的时代，我们都在尽力从各方面改变自己，改变命运，期望能够活成自己期待的模样。

穿过时代的折光镜，透过社会的大舞台，我们看到有多少人是言语上的巨人而为实践上的矮子；曾经豪情满怀最终却一蹶不振；或为财富上的富翁却是精神上的乞儿，也许偶然中一跃龙门却在必然中销声匿迹。

面对你认为的成功之人感到自卑而否定自我？

认为自己一无是处，所做的一切都不可能成功？

每每在关键时刻不能保持冷静而被情绪所左右？

在竞争中患得患失而无法发挥自己的真正实力？

觉得生活是由命运操纵而自己只能受其摆布？

……

战胜自我、改变自我、超越自我是每个人都不能回避的人生课题，在当前竞争激烈的社会尤为重要。如何战胜自己？如何冲破内心的迷茫？如何找到人生的方向？如何改变不如意的现状？这是我们每个人时刻都在思考和探索的问题。

生活是最好的老师，哲理是最亮的明灯。生活中，一件小事往往能改变一个人的命运，一个充满哲理而智慧的小故事，也能够改变你的一生。小故事小中见大，见微知著，展现大千世界，浓缩人生万象，激发我们对社会人生的思考，点燃心灵智慧的火花。读一些智慧的小故事，会让疲惫的我们精神一振，茅塞顿开，心头的阴云随之一扫而空。

本书精选了上百个通俗易懂、形式多样、生动有趣、发人深省的小故事，内容涵盖梦想、心灵、情商、生命、爱情、做人、处世、幸福、进取等各方面，每个故事的结尾都加入精妙犀利的体悟和点评，在平实生动、明白浅近的语言阐发中将深刻的人生哲理娓娓道来，让你在人生各个关键时刻获得一丝温馨的建议和指点，让你寻找出一份属于自己的启迪和感悟，使人读后如闻金石之声而豁然开朗。

本书为你打开了一扇重新认识自己、认识社会、认识人生的窗户，当你沉醉于故事中的情节、品味永不磨灭的人生哲理的时候，你也就获得了一次感悟人生、洞明世事、提升自我、改变命运的机会。

读罢此书，相信会给你疲惫的内心注入更多的力量和智慧。愿它伴随你的人生旅途，照亮前行的路，与你一同守护梦想，迎接成功的朝阳！

目 录

第二辑　与其抱怨世界，不如改变自己

第三辑　决定你上限的不是智商，而是情商

第六辑　低处修心做自己，高处容人做事情

|第一辑|

不能选择出身，可以选择未来

我们无从选择出身，但可以选择人生的态度。

我们每个人来到这个世界都是被动的，我们无从选择自己的肤色，无法选择遗传基因，但我们可以选择自己的梦想，选择自己的未来。我们可以选择改变，自信改变命运，自强成就未来。

勇敢的美丽

从小她就是个丑孩子，再加上对哭一事尤为热衷，所以很不招人待见。其实这还没什么，最让人痛心疾首的是，她竟然一直都不为自己的丑感到难过，每日还傻乎乎地、不知愁地快活着。

因为她的世界一直都很少有人能介入，所以对于别人对她的看法，她原本也从不关注。但直到有一天，她听到了一个亲戚口里吐出来的"瘟神"两个字时，有点不大开心了。她皱皱眉，撇撇嘴，很不高兴地看了那人一眼，后来又继续坐在椅子上玩自己的小皮球了。那次她是真的在意了，虽然她还不懂这两个字的意思，虽然她那时还不到五岁，但她从妈妈的眼睛里看出了不满。她知道了那个词不是好意思，所以从那以后不管那个人怎么逗她，她都不会朝他笑了。

从小她就是个与众不同的孩子，因为她长得丑，又不喜欢说话。还记得上小学的时候，有别的学校的老师来听课，她的班主任对她说："阳阳，真对不起，老师知道你的歌唱得好，但是为了给其他同学多一点机会，待会儿上课你就不要表演了。"这节课是观摩课，对大家都很重要。她知道老师平时对她不错，所以很懂事地点点头。但她的自尊心却受到了伤害。

上中学的时候，她的自尊心又受到了更大的伤害。那是一次表演唱，老师对她说："可不可以请你站在后排，让其他同学去替你领唱，但领唱的时候她不唱，你替她唱。如果得了奖品还是你的。"她不假思索地瞥了那个老师一眼，然后很郑重地告诉她："不行。"老师很不满。那一年的联欢会上，每个班的班长都要讲几句话，然后拍成照片，贴在宣传栏里。而她也拍了，可是老师就是硬没给她贴出去。老师说没别的原因，就是看不惯她长得丑却不谦虚，这让她对这个做老师的很不理解。

因为丑她曾经很自卑，直到有一天，她看到一个名人的传记，讲的是一个新西兰女作家怎样从一个丑小鸭变成著名学者的故事，她这才发现自卑只能让她失去更多的东西，她开始变得勇敢起来。当她把低垂的头昂起来的时候，当她把单纯自信的笑容挂在脸上的时候，当她不再想着自己是个丑丫头的时候，她发现自己变得漂亮了。

从那以后她始终坚信一个道理：当你没办法选择幸运的时候，你至少可以选择勇敢。因为一个勇敢的人就是美丽的。

小故事大改变

自卑，是一个人对自己的不恰当的认识，是一种自己瞧不起自己的消极心理。在自卑心理的作用下，遇到困难、挫折时往往会出现焦虑、泄气、失望、颓丧的情感反应。一个人如果做了自卑的俘虏，不仅会影响身心健康，还会使聪明才智和创造能力得不到发挥，使人觉得自己难有作为，生活没有意义。所以，克服自卑心理是克服通往成功路上的一大障碍。

大仲马与剧本

为了生活有更好的保障，大仲马在巴黎工作之余，经常替法兰西剧院誊写剧本以增加收入。许多精妙的剧本让他深为着迷，常常忍不住放下誊写的剧本，动手写自己的剧本。有一天他来到法兰西剧院，径直走进当时著名的悲剧演员塔玛的化妆室，张口就说："先生，我想成为一个剧作家，你能用手碰碰我的额头，给我带来好运气吗？"塔玛微笑着把手放在他的额头上，说："我以莎士比亚和席勒的名义特此为你这个诗人洗礼。"大仲马一点儿也没在意这位大演员善意的玩笑，他把手放在自己的胸口上，郑重其事地说："我要在你和全世界人面前证实我能做到！"

然而，大仲马花了三年时间写出的大量剧本，没有一个被剧院接受并上演。直到 1928 年 2 月 11 日傍晚，法兰西剧院才给他送来一张便条："亚历山大·仲马先生，你的剧作《亨利三世》

将于今晚在本院演出。"大仲马手忙脚乱地穿好衣服时，才发现自己没有体面的硬领，他连忙用硬纸剪了个硬领，套在脖子上便飞奔剧院。但是到了剧院他却无法靠近舞台，因为连座席间的通道上都站满了观众。直到演出落幕以后，剧院主持人请剧作家上台时，大仲马才得以出现在台前，顿时，暴风雨般的喝彩声响彻整个剧场。当时的报纸如此描述他："他的头昂得那么高，蓬乱的头发仿佛要碰到星星似的。"这个带着硬纸领子的混血儿一举成名，一夜之间成了巴黎戏剧舞台上的新帝王。

紧接着，大仲马的另一个剧本《安东尼》演出后也获得了巨大的成功。短短的两年时间里，大仲马在巴黎成了最走红的青年剧作家。尽管如此，巴黎的许多贵族和一些文坛名家们仍然蔑视他的出身，嘲讽他的黑奴姓氏。甚至像巴尔扎克这样的大家也不放过嘲笑他的机会。在一个文学沙龙里，巴尔扎克拒绝与大仲马碰杯，并且傲慢地对他说："在我才华用尽的时候，我就去写剧本了。"

大仲马断然地回答道："那你现在就可以开始了！"

巴尔扎克非常恼火，进一步侮辱大仲马："在我写剧本之前，还是请你先给我谈谈你的祖先吧——这倒是个绝妙的题材！"

大仲马也火冒三丈地回答他："我父亲是个克里奥尔人，我祖父是个黑人，我曾祖父是个猴子，我的家就是在你家搬走的地方发源的。"

小故事大改变

充满自信，不怕嘲讽和挫折的人是不可战胜的，不管他面对的是先天的不足，还是来自外界的困难、别人的压力。

不会说话的最佳女主角

1987年3月30日晚上，洛杉矶音乐中心的钱德勒大厅内灯火辉煌，座无虚席，人们期盼已久的第59届奥斯卡金像奖的颁奖仪式正在这里举行。在热情洋溢、激动人心的气氛中，仪式一步步地接近高潮——高潮终于来到！主持人宣布：玛莉·马特琳在《小上帝的孩子》中有出色的表演，获得最佳女主角奖。全场立刻爆发出经久不息的掌声。玛莉·马特琳在掌声和欢呼声中，一阵风似地快步走上领奖台，从上届影帝——最佳男主角奖获得者威廉·赫特手中接过奥斯卡金像。

手里拿着金像的玛莉·马特琳激动不已。她似乎有很多很多话要说，可是人们没有看到她的嘴动，她又把手举了起来，可不是那种向人们挥手致意的姿势，眼尖的人已经看出她是在向观众打手语，内行的人已经看明白了她的意思：说心里话，我没有准备发言。此时此刻，我要感谢电影艺术科学院，感谢全体剧组同事……

原来，这个奥斯卡金像奖最佳女主角奖获得者，竟是一个不会说话的哑女。

玛莉·马特琳不仅是一个哑巴，还是一个聋子。

玛莉·马特琳出生时是一个正常的孩子，但是，她在出生 18 个月后，被一次高烧夺去了听力和说话的能力。

这位聋哑女对生活充满了激情。她从小就喜欢表演。8 岁时加入伊利诺伊州的聋哑儿童剧院，9 岁时就在《盎斯魔术师》中扮演多萝西。但 16 岁那年，玛莉被迫离开了儿童剧院。所幸的是，她还能时常被邀请用手语表演一些聋哑角色。正是这些表演，使玛莉认识到了自己生活的价值，克服了失望心理。她利用这些演出机会，不断锻炼自己，提高演技。

1985 年，19 岁的玛莉参加了舞台剧《小上帝的孩子》的演出。她饰演的是一个次要角色。就是这次演出，使玛莉走上了银幕。

女导演兰达·海恩丝决定将《小上帝的孩子》拍成电影。可是为物色女主角——萨拉的扮演者，导演大费周折。她用了半年时间先后在美国、英国、加拿大和瑞典寻找，竟然都没找到中意的。于是她又回到了美国，观看舞台剧《小上帝的孩子》的录像。她发现了玛莉演技高超，决定立即启用玛莉担任影片的女主角，饰演萨拉。

玛莉扮演的萨拉，在全片中没有一句台词，全靠极富特色的眼神、表情和动作，揭示主人公矛盾复杂的内心世界。玛莉十分珍惜这次机会，她勤奋、严谨、认真对待每一个镜头，用自己的心去拍，因此表演得惟妙惟肖，让人拍案叫绝。

就这样，玛莉·马特琳成功了。她成为美国电影史上第一个聋哑影后。正如她自己所说的那样：我的成功，对每个人，不管是正常人，还是残疾人，都是一种激励。

〰️ 小故事大改变

如果你想成功，不管自身条件如何，都不能坐等，一切都取决于自己。记住：不放弃努力就有机会！

从小布匹商到副总统

1888 年，美国银行家莫尔当选副总统。在他执政期间，声誉卓著。当时，美国农业部的一位秘书威尔逊了解到副总统曾是一个小布匹商人。从一个小布匹商到副总统，为什么会发展得这么快？

他带着问题拜访了莫尔。莫尔说："我做布匹生意真的很成功。可有一天，我读了文学家爱默尔的一本书，书中的一段话打动了我。书是这样写的：'一个人如果拥有一种人家需要的才能和特长，不管他处在什么环境，有一天终会被人发现。'"

"这段话让我怦然心动，冥冥中我觉得自己应该向更大的空间发展。这使我想到了当时最重要的金融业。于是，我不顾别人反对，放弃布匹生意，改营银行，最终成为金融巨头。"

正是因为莫尔的心中有了在金融业大展宏图的目标，他才成为金融巨头，否则他到最后也只能是个布匹商。

～小故事大改变

做事情首先要给自己一个成功的信念，这个信念要始终扎根在我们的脑海，那么我们就会不断地努力，始终追随这个信念，直到成功的那一天。

给自己树一面旗帜

罗杰·罗尔斯是美国纽约州历史上第一位黑人州长。他出生在纽约声名狼藉的大沙头贫民窟，这个地区很少有人能从事体面的职业。回顾往昔的奋斗史，罗尔斯认为是他的小学校长——皮尔·保罗使他有了今天的一切。

皮尔·保罗校长也曾想过很多方法来引导这些淘气的孩子，但是没有一个方法是有效的。后来他发现这些孩子都很迷信，于是他就经常给学生看手相，用这个办法来鼓励学生。

当罗尔斯虔诚地伸出小手给校长看时，校长说："我一看你修长的小拇指就知道，将来你会是纽约州长。"当时，罗尔斯大吃一惊,因为长这么大,从来没人告诉他他能这么有出息。他的心动了一下。

从此以后,罗尔斯处处以州长的标准要求自己,再也不打架骂人,穿着也不再邋遢。51岁时,罗杰·罗尔斯真的当上了州长。

小故事大改变

喷泉的高度不会超过它的源头,一个人的事业也是这样:他的成就绝不会超过自己的信念。

保持50年的愿望

英国教师卡罗在整理旧物,发现了一摞练习册,是50年前他所任教的幼儿园41位孩子的作文,题目是:未来我是……

他没想到,它们竟在自己家里保存了50年。

卡罗顺便翻了几下,很快就被孩子们那千奇百怪的自我设计迷住了,其中最让人震撼的是,一个叫戴维的小盲童,竟认定他未来必定是英国的一个内阁大臣,因为在当时英国还没有一个盲人进入过内阁。

卡罗突然涌起一种冲动:把这些本子重新发到这些同学手中,让他们看看现在的自己是否实现了50年前的梦想?

当地一家电台得知这一消息后，为他发了一则启事。没几天，书信向卡罗飞来。他们中间有商人、学者及政府官员等，他们都表示，很想知道儿时的梦想，很想得到那本练习册，请卡罗给他们寄去。

一年后，卡罗身边仅剩下一个作文本没人索要，他的主人正是那位小盲童。他想，这个可怜的人也许已经去世。毕竟50年了，什么事都会发生的。

就在卡罗准备把这个本子送给一家私人收藏馆时，他收到内阁教育大臣布伦克特的一封信。信中说，那个叫戴维的就是我，感谢您还为我们保存着儿时的梦想，不过我已经不需要那个本子了，因为从那时起，我的梦想就一直在我的脑子里，没有一天放弃过。50年过去了，我已经实现了那个梦想。今天，我还想通过这封信告诉我其他的40位同学，只要不让年轻时的梦想随岁月飘逝，成功总有一天会出现在你的面前。

🍌 小故事大改变

一个人的愿望如果能保持50年，那么这个人很有可能实现这个愿望。更多的人，在成长的过程中，由于自卑、悲观等原因遗失了美丽的初衷。在漫长的人生之旅中，只有永怀初衷、坚守梦想的人，才有希望到达辉煌的顶点。

无从选择出身，可以选择人生

在美国的纽约，有一个黑皮肤的小孩，他望着小贩卖的气球，觉得很纳闷，于是就走过去问小贩："叔叔，为什么黑色气球跟其他颜色的气球一样也会升空呢？"

小贩不懂他的意思，就反问说："嘿，小朋友，你为什么要问这个问题？"

黑人小孩回答说："因为在我的印象里，黑人象征着穷、脏、乱和无知。我看到白种人、黄种人甚至印第安人都飞黄腾达，成功致富，过着令人羡慕的生活，可是我从来没有看到一位黑人出人头地。所以，当我看到红色气球、黄色气球、白色气球升空，我相信；可是我从来不相信黑色气球也会升空。但我刚才真的看到它也能升空，所以我想来问问你。"

小贩理解了他的意思，告诉他："啊，小朋友，气球能不能升空，问题并不在于它的颜色，而是在于里面是不是充满了氢气，只要充满了氢气的话，不管什么颜色的气球都能升空。人也是一样，一个人能不能成功跟他的肤色、性别、种族都没有关系，要看他是不是有勇气和智慧。"

正如这位小贩所说，当我们心里充满了自爱、坚强、勇气和毅力这些重要的乐观因素时，那些束缚我们成长、壮大的限制将不复存在。

当我们心里充满了悲哀、自卑、自贬、愤世不平等悲观因素时，那些束缚就会成为真的羁绊，使我们不但升不起来，还会不断沉沦。

小故事大改变

一个人的成长不在于出身高低和环境的优劣，而在于他是否具有积极向上、自强不息的精神。每个人都是自己命运的设计师，思想上积极，行动上主动，就能够牢牢把握人生主动权，使自己成为想成为的人。

永远不要忘了这句话："爱自己，爱自己脚下的土地，永不言弃，那么幸福、快乐、成功就是属于你的。"

永远追随太阳的光芒

西奥多·帕克是美国家喻户晓的成功人士，但他更是一位始终积极向上的模范。

帕克小时候家里经济条件不好，每天都要陪着父亲到地里做农活，但他的学业成绩却是班里最优秀的。

帕克17岁那年的一天，他向父亲提出了报考哈佛大学的想法。他的父亲莱克星顿是一位很普通的水车木匠，由于自己没有大本事，没能力供儿子读书，他感到很惭愧。

他知道儿子虽然早就放弃了正式的学校读书，但儿子一直没有放弃学习，每天都会苦读到深夜。帕克相信儿子的智慧，也很欣赏儿子积极向上的精神，但对儿子没有长期参加学校正规学习，是否能考上哈佛持怀疑态度。

考试日期到了，帕克独自赶到哈佛大学。帕克只在学校读了两年的书，之后就一直想法设法赚钱买书自学，或向别人借书。他总是利用一切可以利用的时间读书，把学过的知识消化得滚瓜烂熟。

帕克终于如愿以偿地考入了哈佛大学。他把这个消息告诉了父亲。父亲却着急起来："我没有钱供你读哈佛啊！"

帕克笑着说："不用您担心，我不会搬到学校去住的，只要利用家里的空闲时间自学就行了。只要能通过考试，我能拿到一张学位证书，就什么都好办了。"

帕克很乐观地面对眼前的困难，一点也没有灰心丧气，保持了积极向上的心态。他仍然边学习边打工赚钱，一边积极地工作，一边刻苦地读书。终于，以自己的优异成绩回报了自己的努力。

哈佛大学毕业后，帕克进入了政界，倡导废除黑奴制度，成为美国历史上最伟大的社会改革家。

🙂小故事大改变

美国诗人惠特曼在《草叶集》里说："我不能，别的任何人也不能代替你走过那条路；你必须自己去走。"是的，谁也不能代替别人走路，谁也代替不了别人成功。人生的伟大成就无不来自于自我的自强不息。自强不息的精神就是破土而出的绿苗，永远追随着太阳的光芒，直到留下成熟的种子，结下丰硕的果实。

缺陷成就伟大总结

从前在美国有个人，相貌极丑，街上行人都要掉头对他多看一眼。但是他不觉得自卑，他从不修饰，到死都不在乎衣着。窄窄的黑裤子，伞套似的上衣，加上高顶窄边的大礼帽，仿佛要故意衬托出他那瘦长的个子，走路姿势难看，双手晃来荡去。但他仍旧走得执着有力。

尽管后来身居高职，但直到临终，他的举止仍是老样子，不穿外衣就去开门，不戴手套就去歌剧院，总是讲不得体的笑话。无论在什么地方——在法院、讲坛、国会、农庄，甚至于他自己家里——他处处都显得格格不入。但是，这些并没有成为阻碍他成功的理由。因为他相信自己。这个人就是美国总统——林肯。

林肯用拼命自修的方法来克服早期的障碍。他非常的孤陋寡闻，为了弥补自己在知识上的不足他经常在烛光、灯光和火光前读书，读得眼球在眼眶里越陷越深。眼看知识无涯而自己所知有限，他总是感觉沮丧。他填写国会议员履历，在教育一项下填的竟然是："有缺点。"

但是，林肯的一生不是沉浸在自卑中，而是对一切他所缺乏方面进行全面补偿。他不求名利地位，不求婚姻美满，集中全力以求达到自己心中更高的目标，他渴望把他的独特思想与崇高人格里的一切优点奉献出来，从而造福人类。

小故事大改变

在现实生活中，我们每个人都或多或少存在着自卑，但是自卑并不可怕，可怕的是沉浸在自卑当中而丧失了追求的勇气。

强者不是天生的，强者也并非没有软弱的时候，强者之所以成为强者，在于他善于战胜自己的软弱。因此，请不要怀疑自己、贬低自己，只需勇往直前，付诸行动，就一定能走向成功。

理想是人生的太阳

有一个男孩，他的父亲是位马术师，他从小就必须跟着父亲东奔西跑，一个马厩接着一个马厩，一个农场接着一个农场地去训练马匹。由于经常四处奔波，男孩的求学过程并不顺利。

初中时，有次老师叫全班同学写作文，题目是长大后的志愿。那晚他写了 7 张纸，描述他的伟大志愿，那就是想拥有一座属于自己的牧马农场，并且他仔细画了一张 200 亩农场的计划图，上面标有马厩、跑道等的位置，然后在这一大片农场中央，还要建造一栋占地 400 平方英尺的大宅子。

他花了好大心血把作文完成，第二天交给了老师。两天后他拿回了，第一面上打了一个又红又大的问号，旁边还写了一行字：下课后来见我。脑中充满幻想的他下课后带了作文去找老师："为什么给我不及格？"

老师回答道："你年纪轻轻，不要老做白日梦。你没钱，没有家庭背景，什么都没有。盖农场可是个花钱的大工程，你要花钱买地、花钱买纯种马匹、花钱照顾它们。"他接着说："如果你肯重写一个比较不离谱的志愿，我会重打你的分数。"

这男孩回家后反复思量了好几次，然后征求父亲的意见。父亲告诉他："儿子，这是非常重要的决定，你必须自己拿定主意。"再三考虑几天后，他决定原稿交回，一个字都不改，他告诉老师："即使拿个大红字，我也不愿放弃梦想。"

20 多年后，这位老师领着自己的 30 个学生来到那个曾被他指责的男孩的农场露营一星期。离开之前，他对如今已是农场主的男孩说："说来有些惭愧。你读初中时，我曾泼过你冷水。这些年来，也对不少学生说过相同的话。幸亏你有这个毅力坚持自己的目标。"

这个男孩是一个敢于追随自己梦想的人，他没有因为得不到老师的肯定就放弃自己的理想，相反，这更刺激了他实现自己这个理想的决心，他通过自己努力，向老师证明了自己当初的理想并不是白日梦。

小故事大改变

成功的人往往并不是有太高的天赋，而是勇于追随梦想并为之付出不懈努力的人。也许你的想法会被人看成是白日梦，但是只要你敢于坚持自己的想法，就有成功的机会，只要你愿意，就能够成为那个能做的人。

别让自卑绊住自己的腿

纽约的深秋来临了，树叶片片落下，一阵风吹过，一个年轻的乞丐不禁打了一个寒噤，空荡荡的裤脚随风飘起。自从他的右脚连同整条腿断掉后，他的一切希望都化成了泡影，他变成了一个乞丐，每天靠别人的施舍过日子。

可是今天太不幸了，他一整天都没有吃东西了。乞丐走进一个庭院，向女主人乞讨。

他故意把拐杖往地面上敲打，想引起女主人的怜悯之心。

可是女主人毫不客气地指着门前一堆砖对乞丐说："你帮我把这些砖搬到屋后去吧。"

他说："我只有一只手和一条腿，怎么搬？"

女主人并不生气，俯身搬起砖来，她故意用一只手拿一根棍子，一只手拿砖头，依靠一条腿走路搬了一趟说："你看，并不是非要两条腿才能干活。我能干，你为什么不能干呢？"

乞丐怔住了，他用异样的目光看着妇人，尖突的喉结像一枚橄榄上下滑动了两下，终于他俯下身子，用他那唯一的腿和一只手搬起砖来，一次只能搬两块。他整整搬了两小时，才把砖搬完，累得气喘如牛，脸上有很多灰尘，几绺乱发被汗水浸湿了，贴在额头上。

妇人递给乞丐一条雪白的毛巾说："这下你该明白了吧，要想干成功一件事，就别让自卑绊住了你的腿。"

乞丐接过去，很仔细地把脸和脖子擦了一遍，白毛巾变成了黑毛巾。

妇人又递给乞丐20元钱，乞丐接过钱，感激地说："谢谢你。"

妇人说："你不用谢我，这是你自己凭力气挣的工钱。"

乞丐说："我不会忘记你的，这条毛巾也留给我作纪念吧。"说完他深深地鞠一躬，就上路了。

若干年后，一个穿着体面的人来到这个庭院。他举止优雅，气度不凡，跟那些自信、自重的成功人士一模一样。美中不足的是，这人只有一条左腿，右腿是一条假肢。

来人俯下身用手拉住有些老态的女主人说："如果没有你，我还是个乞丐，是你让我克服了心中的自卑，增添了我走向成功的勇气。现在，我是一家公司的董事长。"

妇人已经记不起他是谁了，只是淡淡地说："这是你自己凭信心干出来的。"

小故事大改变

没有右腿的乞丐是靠什么成功的？是他克服自卑增强自信后走向了成功。在他断掉右腿时，世界对他来说是灰暗的，他认为自己什么都不能做了。当他用两只手一趟趟地把砖头搬走时，他甩开了自卑的局限，获得了一种新的力量，迈开了走向成功的脚步，并最终获得了成功。

一个平庸的人如果让自卑绊住了前进的脚步，就只能像一个乞丐一样，靠施舍过日子，没有希望，更谈不上成功。如果克服了自卑，增强了信心和勇气，就像枯木逢春，依旧可以枝繁叶茂。当被自卑绊住脚步时，不妨像那个年轻的乞丐一样，果断地甩掉自卑，依靠饱满的热情，恢复丢失的信心，再向自己的目标努力奋斗，胜利一定属于你。

贫贱的出身，高贵的命运

北大学子郑全战出生于一个平凡而普通的农民家庭，在北大攻读完硕士学位后，郑全战于 1996 年赴美攻读博士学位，之后又在美国微软总部工作八年多，现在就任于腾讯公司，担任首席架构师。

当年郑全战以优异成绩走入北大计算机世界的时候，与那些出身优越的同学相比，他没有一丝值得自豪的地方。倒是每当想起面朝黄土背朝天的父母时，他就有了改变命运的决心，他要像更多的成功人士一样，让自己不再重复父辈们的苦难。

生活的艰辛并没有挡住他前进的步伐，反而磨练了他顽强拼搏的意志，坚定了他发愤读书的决心。他感受最深的是，在北大这个人才济济的天堂里，如果你把自己蜷缩进与别人攀比物质享受的小圈子里，你就失去了追求成功的胆量，你就会陷进自叹不如的痛苦中，你的前途也会由此黯然无光。但如果你把在北大的日子当成改变人生的机遇，那么你就将在这里学到足以让你受用终生的本领。他体会学习就像练习游泳，再高明的教练也不会把你教会，你必须自己去扑腾，去不断练习，在一次次失败中体会、理解和摸索，最终总结出适合自己的有效的方法。对他而言，人生的意义在于"多体验，多走一些别人没有走过的路"。他认为"在不同的地方体验不同的感受，对你的成长是很有好处的"，如果你不满足于平淡无奇的人生，那就"到处闯闯，人生会更加精彩"！

在郑全战眼里，家庭给了他最宝贵的财富，那就是"能吃苦"。出身的低微没有让郑全战自惭形秽，反而激发了他积极向上的斗志。他形容自己的求学经历是"吃了20年的咸菜，换来了尊贵的人生，用20年换一生的成功，值得"。

对于北大，郑全战感受最深的是母校教给他克服了卑贱阴影，让他学会了乐观、自信和不畏艰难。他说："无论你出身多么卑微，你的头脑却不是卑微的，而是高贵的，用好你的头脑，你就能改变自己，成就未来。而如果你有幸考进了北大，那么你曾经有过的卑贱也会闪闪发光，让你成为尊贵的人。你需要做的就是不要辜负了上苍赐给你的优秀头脑，坚定地把自己的路走好！"

小故事大改变

无论你的出身多么贫贱，无论你的命运多么坎坷，也无论你经历过怎样的生活艰辛与磨难，命运都不会嫌弃你，生活都不会抛弃你。你正在经历的贫贱只不过是黎明前的短暂黑暗，但前提是你必须一如既往地不弃不舍追求梦想。如果因为出身的贫贱而停下了追梦的脚步，也只能说明你是不值得同情的可怜虫。

与其抱怨世界，不如改变自己

抱怨解决不了任何问题。当我们开始抱怨时，证明我们已经无能为力了。如果你希望看到世界改变，那么第一个必须改变的就是自己。

心若改变，态度就会改变；态度改变，习惯就会改变；习惯改变，人生就会改变。

"皮鞋"的由来

很久很久以前，人类还赤着双脚走路。

有一位国王到某个偏远的乡间旅行，因为路面崎岖不平，有很多碎石头，刺得他的脚又痛又麻。回到王宫后，他下了一道命令，要将国内的所有道路都铺上一层牛皮。他认为这样做，不只是为自己，还可造福他的人民，让大家走路时不再受刺痛之苦。

但即使杀尽国内所有的牛，也筹措不到足够的皮革，而所花费的金钱、动用的人力，更不知有多少。虽然这件事根本做不到，甚至还相当愚蠢，但因为是国王的命令，大家也只能摇头叹息。一位聪明的仆人大胆向国王提出建言："国王啊。为什么您要劳师动众，牺牲那么多头牛，花费那么多金钱呢？您何不只用两小片牛皮包住您的脚呢？"国王听了很惊讶，但也当下领悟，于是立刻收回成命，采纳了这个建议。据说，这就是"皮鞋"的由来。

🍌小故事大改变

想改变世界，很难；要改变自己，则较为容易。与其改变全世界，不如先改变自己——"将自己的双脚包起来"。我们可以改变自己的某些观念和做法，以抵御外来的侵袭。当自己改变后，眼中的世界自然也就跟着改变了。

卖三明治的"亿万富翁"

一位泰国企业家玩腻了股票，他改行把自己所有的积蓄和从银行贷到的大笔资金投入到房地产业中去，在曼谷市郊盖了十五幢配有高尔夫球场的豪华别墅。但时运不济，他的别墅刚刚盖好，亚洲金融风暴出现了，别墅卖不出去，贷款还不出，这位企业家只能眼睁睁地看着别墅被银行没收，连自己住的房子也被拿去抵押，还欠了相当一笔债务。

这位企业家的情绪一时低落到了极点，他怎么也没想到对做生意一向轻车熟路的自己会陷入这种困境。

他决定重新白手起家。他的太太是做三明治的高手，她建议丈夫去街上叫卖三明治，企业家经过一番思索后答应了妻子的请求。从此曼谷的街头多了一个头戴小白帽、胸前挂着售货箱的小贩。

昔日亿万富翁沿街卖三明治的消息不胫而走，买三明治的人骤然增多，有的顾客出于好奇，有的出于同情。许多人吃了这位企业家的三明治后，为这种三明治的独特口味所吸引，经常买企业家的三明治，回头客不断增多。现在这位泰国企业家的三明治生意越做越大，慢慢地他走出了人生的低谷。

他叫施利华。几年来，他以自己不屈的奋斗精神赢得了人们的尊重。在1998年泰国《民族报》评选的"泰国十大杰出企业家"中，他名列榜首。作为一个创造过非凡业绩的企业家，施利华曾经备受人们关注，在他事业的鼎盛期，不要说自己亲自上街叫卖，寻常人想见一见他也很难。上街卖三明治不是一件怎样惊天动地的大事，但对于过惯了发号施令的施利华，无疑需要极大的勇气。

生活最后成就了施利华，它掀翻了一个房地产经理，却扶起了一个三明治老板，让施利华重新收获了生命的成功。

小故事大改变

人的一生会碰上许多挡路的石头，这些石头有的是别人放的，如金融危机、贫穷、灾祸和失业等，它们成为石头并不以你的意志为转移；有些是自己放的，如名誉、面子、地位和身份等，它们完全取决于一个人的心性。

如果你一夜之间从亿万富翁变成穷光蛋，你是否有勇气沿街叫卖三明治？

失落的点金石思维

一个流浪的疯子在寻找点金石。他头发蓬乱，形容枯槁，却仍目光炯炯，足下生风。就这样他找了一年又一年，走遍了每一座山，经过了每一条河流，寻求已经变成了他的生命。终于有一天，他疲惫地放弃了他的希望，在山野间漫无目的地走着。

一个村民走上来问："告诉我，你腰上的那条金边是从哪里来的呢？"

疯子吓了一跳，那条本来是铁的链子真的变成金的了？这不是一场梦，但是他不知道是什么时候变成的。

他狂乱地敲着自己的前额，什么时候？呵，什么时候他竟在不知不觉之中成功了呢？

原来，拾起小石去碰碰那条链子，这已成了习惯，但不知从何时起，他竟忘记去关注变化与否，就是这样，这疯子找到又失掉了那块点金石。

暮色苍茫，残阳如血。

疯子沿着自己的脚印走回，去寻找他失去的珍宝，他的心里充满了悔恨，身影更加憔悴了。

小故事大改变

这个世界到处充斥着人们奔波劳碌的身影，每个人都在为自己的前途奔忙，却少有人知道自己究竟要的是什么。于是，很多人就像那个疯子一样，轻易地错失了本已到手的点金石。

要时时关注你的目标及其进展，漫无目的地忙碌是徒劳的。

心中有魔，难成正果

从前，有个寺院的住持，在寺院里立下了一个特别的规矩：每到年底，寺院里的和尚都要面对住持说两个字。

第一年年底，住持问一位新来的和尚心里最想说什么。新来的和尚说："床硬。"

第二年年底，住持又问他心里最想说什么。他回答："食劣。"

第三年年底，他没等住持问便说："告辞。"

住持望着新和尚的背影自言自语地说："心中有魔，难成正果，可惜！可惜！"

这位住持所说的"魔"，就是和尚心里面那没完没了的抱怨。

新来的和尚只是考虑自己要什么，却从来没想过别人给过他什么，只是一味地抱怨。他的抱怨和不满，也让他失去了修成正果的机会。

〰️小故事大改变

在现实生活中，有很多像上述故事中和尚这样的人。他们这也看不惯，那也不如意，怨气重重，牢骚满腹。

很多人都不喜欢每天只知道抱怨的人。因为经常抱怨的人，生活的态度非常的消极，对任何事都处于不满意的状态。生活意味着自己必须要过下去，何必为了自己不能得到想要的生活而抱怨不止呢？坦然面对生活中发生的一切，才是人生的王道。

生活不需要抱怨

两个青年到一家公司求职。经理把第一位求职者叫到办公室，问道："你觉得你原来的公司怎么样？"

求职者面色阴郁地答道："唉，那里糟透了。同事之间尔虞我诈，勾心斗角；部门经理粗野蛮横，以势压人；整个公司暮气沉沉，生活在那里令人感到十分压抑，所以我想换个理想的地方。"

经理说："我们这里恐怕不是你理想的乐土。"于是这个年轻人满面愁容地走了出去。

第二个求职者也被问到同样的问题。他答道："我们那儿挺好，同事们待人热情，乐于互助；经理们平易近人，关心下属，整个公司气氛融洽，生活得十分愉快。如果不是想发挥我的特长，我真不想离开那儿。"

"你被录用了。"经理笑吟吟地说。

〜小故事大改变

我们有两个方法来看待世界上的事物，一个是乐观的态度，另一个是悲观的态度。一味抱怨的悲观者，看到的总是灰暗的一面，即便到春天的花园里，他看到的也只是折断的残枝，墙角的垃圾；而乐观者看到的却是姹紫嫣红的鲜花，飞舞的蝴蝶。自然，他的眼里到处都是春天。

成功者与失败者之间的差别是：成功者始终用最积极的思考、最乐观的精神和最丰富的经验支配和控制自己的人生。失败者则恰恰相反，他们的人生是受过去的种种失败与疑虑所引导支配的。

搬开心中的顽石

王洁刚嫁到这个农场时，那块石头就在屋子拐角。石头样子挺难看，直径约有一英尺，凸出两三英寸。

一次，王洁全速开着割草机撞在那石头上，碰坏了刀刃。王洁对丈夫说："咱们把它挖出来行不行？""不行，那块石头早就埋在那儿了。"丈夫说，"听说底下埋得深着呢。自从你婆婆家就住在这里，谁也没能把它给弄出来。"

就这样，石头留下来。

王洁的孩子出生了，长大了，独立了。王洁公公去世了，后来王洁丈夫也去世了。

现在王洁审视这院子，发现院角那儿怎么也不顺眼，就因那块石头，护着一堆杂草，像是绿草地上的一块疮疤。

王洁拿出铁锹，振奋精神，打算哪怕干上一天，也要把石头挖出来。谁知王洁刚伸手那石头就起出来了，不过埋得一尺深，下面比上面也就深两寸左右，王洁用撬棍把它撬松，然后搬到手推车上。这使王洁惊愕不已，那石头屹立在地上的时间之长超过了人们的记忆，每个人都坚信前辈人曾试图除去但都无可奈何。仅因这石头貌似体大基深，人们就觉得它不可动摇。

那石头给了王洁启迪，王洁反倒不忍把它扔掉。王洁将它放在院中的醒目处，并在周围种了一圈长春花。

在这片小风景地中，它提醒人们：阻碍人们去发现、去创造的，仅仅是王洁们心理上的障碍和思想中的顽石。

小故事大改变

许多看似庞大坚固的东西其实只不过是不堪一击的纸老虎，但是对困难的畏惧却像顽石一样堆积在人们的心里，使人们艰于视听，寸步难行。首先搬开心中的顽石，则面前的山也不过是一堆泥土。

适应无法避免的事实

已故的美国小说家布斯·塔金顿总是说："人生的任何事情，我都能忍受，只除了一样，就是瞎眼。那是我永远也无法忍受的。"然而，在他六十多岁的时候，他的视力减退，一只眼几乎全瞎了，另一只眼也快瞎了。他最害怕的事终于发生了。

塔金顿对此有什么反应呢？他自己也没想到他还能过得非常开心，甚至还能运用他的幽默感。当那些最大的黑斑从他眼前晃过时，他却说："嘿，又是老黑斑爷爷来了，不知道今天这么好的天气，它要到哪里去？"

塔金顿完全失明后，他说："我发现我能承受我视力的丧失，就像一个人能承受别的事情一样。要是我五个感官全丧失了，我也知道我还能继续生活在我的思想里。"

为了恢复视力，塔金顿在一年之内做了12次手术，为他动手术的就是当地的眼科医生。他知道自己无法逃避，所以唯一能减轻受苦的办法，就是爽爽快快地去接受现实。他拒绝住在单人病房，而是住进大病房，和其他病人在一起。他努力让大家开心。动手术时他尽力让自己去想他是多么幸运。"多好呀，现代科技的发展，已经能够为像人眼这么纤细的东西做手术了。"

一般人如果要忍受 12 次以上的手术和不见天日的生活，恐怕都会变成神经病了。可是这件事教会塔金顿如何忍受，这件事使他了解，生命所能带给他的，没有一样是他能力所不及而不能忍受的。

〜小故事大改变

我们不可能改变那些不可避免的事实，可是我们可以改变自己。要在忧虑毁了你之前，先改掉忧虑的习惯，告诉自己："适应不可避免的情况。"

找到自己的"星星"

第二次世界大战期间，一位名叫玛莉的妇女随她的军官丈夫驻防在北非的埃及，住在靠近沙漠的营地里，军营的生活条件很差。

他们居住的木屋非常闷热，连阴凉一点的地方气温也在 30 度以上，狂风裹挟着沙土总是呼呼地吹个不停。军营里没有几个家属，周围住的又全是不懂英语的土著居民，生活毫无色彩，日子实在难熬。

她的丈夫经常要出去执行各种各样的任务，这让一个人在家的玛莉感到非常寂寞。她给远在祖国的父亲写信倾诉，流露出想要回家的意思。父亲在回信中写了这么一句话："有两名罪犯从监狱里眺望窗外，一个看到的是高墙和铁窗，一个看到的是月亮和星星。"

玛莉拿着父亲的信看了又看，想了又想，觉得父亲说得很对。"好吧！"她振作起精神，"我这就找星星和月亮去。"于是她走到屋外，和邻近的土著黑人交朋友，并请他们教她烹饪当地的食物，用泥土做成陶器。交往的开始有些艰难的，但他们很快就热情地接受了她，玛莉也开始融入当地人的生活之中，并且一步一步地迷上了这里的风土人情。不久之后，玛莉开始研究起了曾经让她无比厌烦的沙漠。很快，沙漠在她眼中成了神奇迷人的地方。她经常请土著朋友们引路深入沙漠的深处，听当地人讲沙漠的特点，还让远在伦敦的亲友帮她寄来了当时能找到的关于沙漠的所有著作，她都认真地阅读。她还将自己学习到的关于沙漠的知识写进自己的日记，她的生活因此变得充实，甚至有些忙碌了。

第二次世界大战结束后，由于在中东、非洲的沙漠地区不断发现石油，人们对沙漠的认识和兴趣都大大增加，玛莉因为她的沙漠知识成为了这个岛国知名的沙漠专家。

几十年后，当有人问起玛莉事业成功的经验时，她说到了月亮和星星的故事。她说："是父亲教给了我对生活的态度，这种态度是我事业的源泉,它使我终身受用。"

不错,玛莉女士找到了自己的"星星",她不仅不再长吁短叹了,而且获得了很大的成功。那么我们呢?我们又该得到什么样的启示呢?

◢小故事大改变

任何一种事情做久了都会令人心生厌倦、感到没有出路。问题也许并非出在事情本身,而只是人的心理作用。在人生旅途中,永远都不要忘记随时调整心态,给心灵整整容,旅途的突破取决于人自身的突破。

不要害怕寂寞和苦恼,只要我们能够摆正自己的心态,我们就一定能够战胜它们,我们就可以在沙漠中找到属于自己的星星。

换个角度看世界

Jerry 是美国一家餐厅的经理,他总是有好心情,当别人问他最近过得如何,他总是有好消息可以说。

当他换工作的时候,许多服务生都跟着他从这家餐厅换到另一家,为什么呢?因为 Jerry 是个天生的激励者,如果有某位员工今天运气不好，Jerry 总是适时地告诉那位员工往好的方面想。

这样的情境真的让人很好奇，所以有一天有人问 Jerry："很少有人能够老是那样的积极乐观，你是怎么办到的？"

Jerry 回答："每天早上我起来告诉自己，我今天有两种选择，我可以选择好心情，也可以选择坏心情，我总是选择好心情。即使有不好的事发生，我可以选择做个受害者，也可选择从中学习，我总是选择从中学习。每当有人跑来跟我抱怨，我可以选择接受抱怨也可选择指出生命的光明面，我总是选择指出生命的光明面。"

"但并不是每件事都那么容易啊！"那人抗议道。

"的确如此。"Jerry 说，"生命就是一连串的选择，每个状况都是一个选择，你选择如何响应，你选择人们如何影响你的心情，你选择处于好心情或是坏心情，你选择如何过你的生活。"

数年后，Jerry 意外地做了一件人们想不到的事：

有一天他忘记关上餐厅的后门，结果早上三个武装歹徒闯入抢劫，他们要挟 Jerry 打开保险箱，由于过度紧张，Jerry 弄错了一个号码，造成抢匪的惊慌，开枪射击 Jerry。幸运地，Jerry 很快被邻居发现，紧急送到医院抢救。经过 18 个小时的外科手术以及精心照顾，Jerry 终于出院了，但还有块弹片留在他身上。

事件发生 6 个月之后，Jerry 的朋友遇到 Jerry，问他最近怎么样，他回答："我很幸运了。要看看我的伤痕吗？"

朋友婉拒了，问 Jerry 当抢匪闯入的时候，他的心路历程如何。

Jerry 答道："我第一件想到的事情是我应该锁后门的。当他们击中我之后，我躺在地板上，还记得我有两个选择：我可以选择生，也可以选择死。我选择活下去。"

"你不害怕吗？"朋友问他。

Jerry 继续说："医护人员真了不起，他们一直告诉我没事，放心。但是在他们将我推入紧急手术间的路上，我看到医生跟护士脸上忧虑的神情，我真的被吓着了，他们的脸好像写着'他已经是个死人了'，我知道我需要采取行动。"

"当时你做了什么？"朋友问。

Jerry 说："嗯！当时有个高大的护士用吼叫的音量问我一个问题，她问我是否会对什么东西过敏。我回答'有'。"

"这时医生跟护士都停下来等待我的回答。"

"我深深地吸了一口气喊着：'子弹！'"

"这时医生和护士都笑了，脸上的忧虑神情都渐渐消失了。等他们笑完之后，我告诉他们：'我现在选择活下去，请把我当作一个活生生的人来开刀，不是一个活死人。'"

Jerry 能活下去当然要归功于医生的精湛医术，但同时也由于他令人惊异的态度。我们从他身上能够学到，每天你都能选择享受你的生命，或是憎恨它。真正属于你的权利——没有人能够控制或夺去的东西——就是你的态度。如果你能时时注意这个事实，你生命中的其他事情都会变得容易许多。

🍌小故事大改变

有人抱怨每一朵玫瑰花上都有刺，有人高兴于每一根刺旁都有花。

换个角度看问题会使你得到满足，会使你拥有快乐，会使你……世界只有一个，换个角度看，你就会发现美好的、与众不同的第二个世界。

换个角度看世界，世界真的会不同。积极的心态很重要，它促使我们在面对矛盾和困难的时候，可以平和地对待。

不受欢迎的鹈鹕

一天，仙鹤请鹈鹕吃茶点。

"您真是太好了！"鹈鹕对仙鹤说，"从来没有人请我吃饭。"

"我是非常高兴请您的。您的茶要放糖吗？"仙鹤递上一缸糖给鹈鹕。

"谢谢。"鹈鹕边说边把半缸糖倒进了他的杯子，另一半都撒在了地上。

"我几乎没有朋友！"鹈鹕又说。

"您茶里要放牛奶吗？"仙鹤问道。

"谢谢。"鹈鹕说着又倒了一半牛奶在杯子里，其余的全泼在桌子上了，把桌子搞得一塌糊涂。

"我等啊等啊，没有一个人来请我。"鹈鹕又接着说。

"您要小甜饼吧？"仙鹤又问道。

"谢谢。"鹈鹕说着拿起小甜饼就往嘴里填，饼的碎屑撒了一地。"我希望下次您再请我来。"鹈鹕又说。

"或许我会再请您的，不过这几天我太忙了。"仙鹤说。

"那么下次见。"鹈鹕说着又吞了几个小甜饼，用餐巾擦了擦嘴走了。

鹈鹕走了以后，仙鹤又是摇头又是叹气，他无可奈何地叫女仆来打扫了这狼藉的餐桌。

可想而知，下次仙鹤还会再请鹈鹕来吃饭吗？一个不讲礼仪、行事粗鄙的人是永远不会受人欢迎的。可怜的鹈鹕到最后也没弄清楚自己的问题出在哪里。

🍌 小故事大改变

如果一个人不受任何人喜欢，那他的确应该在自己身上找找原因了。

拿破仑·希尔：我为命运改变

现代成功学奠基人、美国成功学开拓者拿破仑·希尔博士出身贫寒，他于 1883 年诞生于美国东部弗吉尼亚州山区瓦意斯城的一座小木屋中。希尔和他的弟弟早年丧母，幼年生活充满了坎坷。

1908 年，25 岁的希尔还在华盛顿市乔治顿大学法学院念书时，应一家杂志社的要求，去采访 73 岁的钢铁大王安德鲁·卡耐基先生。这次交谈，使卡耐基发觉了希尔的灵气和才华，他邀请希尔到他的豪华住宅长谈了三天三夜，给希尔上了最重要的一课……然后向希尔提出了两个测试题：

1. 你是否愿意用 20 年的时间为美国人民研究成功哲理？

卡耐基在手中暗暗拿着一只手表，不让希尔知道，暗中限他在一分钟内做出决定；希尔一分钟就作了肯定的回答，这使卡耐基十分满意，快速地作出决定是成功者的一个特征。

2. 在此期间，除因公所用差旅费可以在我处报销外，你必须自谋生计。你愿意吗？

希尔起初有点想不通：卡耐基富甲天下，委托他的任务又这么重大，为什么不给予生活资助呢？

卡耐基察觉到他的疑问，便告诉他：只有这样依靠自身的力量奋斗，才能获得征服贫穷的能力，才能拥有走向成功的秘诀。这样，希尔便立刻作出决定，同意了这一要求。

希尔的人生从此改变。

卡耐基满怀信心地正式委托希尔研究现代成功学。希尔是这项任务的 250 多位青年候选人之一。卡耐基嘱咐希尔把他所谈的成功经验同美国当时最著名的 500 多位各界成功者的经验结合起来，创立成功学，建立"成功"事业，把这种继承性的事业留给美国人民。卡耐基深信：这项事业的影响将极其深远。

此后，卡耐基便经常给希尔讲述成功哲理，同时经常给当时的著名人物写信，向他们介绍成功学理论。直到卡耐基逝世为止，长达 10 年之久的精神和物质上的帮助，使希尔受益匪浅。希尔后来在书中记述了大量卡耐基的教导。在卡耐基的教导和帮助下，希尔为成功学而孜孜不倦地奋斗了一生。

希尔在前期除研究成功学外，他必须自谋生计，征服贫穷。那时他主要靠训练推销员为生。这样，过了 20 年，到 1928 年，他的第一个研究成果《成功规律》出版了。这部巨著帮助许多人获得了成功，受到当时各界人士，包括当时的科学家爱迪生及美国总统柯立芝的赞许。他取得的物质报酬是 300 万美元。

由于西弗吉尼亚州一位参议员的推荐，希尔先后担任过美国两任总统的顾问。1935 年，希尔担任罗斯福总统顾问时，开始写作《思考致富》。这部出版于 1937 年的著作长期畅销不衰。

此后，他又出版了许多著作，其中有《人人都能创造奇迹》《希尔成功学》《致富万能钥匙》《人人都能成功》《如何提高你的薪水》《如何提高你自己》。

1957 年，希尔由于贡献卓越，获西弗尼吉亚州塞伦市塞伦大学授予的荣誉博士学位。

希尔长期运用办学、演讲、办杂志、著书等方式，从事研究、讲授成功学的社会活动。他善于接触各界、各阶层人士，甚至访问过狱中囚犯，所以他的理论具有深厚的社会实际基础，在人们眼中是一位深受景仰的大师。

☺ 小故事大改变

你会拥有什么样的人生呢？你会为改变自己的人生做出什么样的努力呢？记住：只要去做，只要改变自己，命运一样可以改变。

你是对的，你的世界也是对的

一个星期六的早晨，一位牧师正在为讲道词伤脑筋。他的太太出去买东西了，小儿子正烦躁不安，无事可做。他随手拿起一本旧杂志，顺手翻一翻，看到一张色彩艳丽的巨幅图画，那是一张世界地图。他于是把这一页撕下来，把它撕成小片，丢到客厅地板上说："强尼，你把它拼起来，我就给你两毛五分钱。"

牧师心想他至少会忙上半天。谁知不到十分钟，他书房就响起敲门声，他儿子已经拼好了。牧师真是惊讶万分，强尼居然这么快就拼好了。每一片纸头都整整齐齐地排在一起，整张地图又恢复了原状。

"儿子啊，怎么这么快就拼好啦？"牧师问。

"噢，"强尼说："很简单呀！这张地图的背面有一个人的图画。我先把一张纸放在下面，把人的图画放在上面拼起来，再放一张纸在拼好的图上面，然后翻过来就好了。我想，假使人拼得对，地图也该拼得对才是。"

牧师忍不住笑起来，给他两毛五的镍币，"你把明天讲道的题目也给了我了。"他说，"假使一个人是对的，他的世界也是对的。"

小故事大改变

这个故事意义非常深刻：如果你不满意自己的环境，力求改变，则首先应该改变自己。即"如果你是对的，则你的世界也是对的"。假如你有乐观积极的心态，你四周所有的问题就会迎刃而解。

有些人总喜欢说，他们现在的境况是别人造成的，环境决定了他们的人生位置。这些人常说他们的想法无法改变。但是，我们的境况不是周围环境造成的。如何看待人生，由我们自己决定。正如纳粹德国某集中营的一位幸存者维克托·弗兰克尔说过："在任何特定的环境中，人们还有一种最后的自由，就是选择自己的态度。"

决定你上限的不是智商，而是情商

决定我们成功的，一个人的智商可能决定了他是否能够走上成功的道路，但一个人的情商却将帮助决定他能在这条路上走多远。

一个人要想战胜命运，首先要战胜自己，战胜自己的情绪。失败者总被自己的情绪所控制，成功者则总是能够善于控制自己的情绪。要追求最后的成功，就要以坚实的情商力量作支撑。

佛陀的偈语

有一天，佛陀在竹林精舍的时候，有一个婆罗门突然闯进来，因为同族的人都出家到佛陀这里来，令他很不满。

佛陀默默地听他的无理胡骂之后，等他稍微安静后对他说："婆罗门啊，你的家偶尔也有访客吧！"

"当然有，你何必问此！"

"婆罗门啊，那个时候，偶尔你也会款待客人吧？"

"那是当然的了！"

"婆罗门啊，假如那个时候，访客不接受你的款待，那么，这些菜肴应该归于谁呢？"

"要是他不吃的话，那些菜肴只好再归于我！"

佛陀看着他，又说道："婆罗门啊，你今天在我的面前说了很多坏话，但是我并不接受它，所以你的无理胡骂，那是归于你的！如果我被谩骂，而再以恶语相向时，就有如主客一起用餐一样，因此我不接受这个菜肴。"然后，佛陀为他说了以下的偈语：

"对愤怒的人，以愤怒还牙，是一件不应该的事。对愤怒的人，不以愤怒还牙的人，将可得到两个胜利：知道他人的愤怒，而以正念镇静自己的人，不但能胜于自己，也能胜于他人。"

婆罗门经过这番教诲，出家佛陀门下，成为阿罗汉。

小故事大改变

动怒发脾气是拿别人的过错来惩罚自己的蠢行。当你对某人所做的某事不满、动气，说明此人在你心目中占有一席之地，你重视、在乎此人，你不希望他所做之事会令你不快更不希望会伤害到你。如果确实这个人在你的心目中占有一席之地，你动气还情有可原。如果你们之间什么关系都没有，那生什么气呢？为了一个跟你毫无瓜葛的人动气值得吗？再进一步来说，别人犯了错，而你去动气，岂不正是拿别人的错误来惩罚自己吗？

不必为了一件已经无法挽回的事而破坏自己的情绪，不必拿别人的错误惩罚自己，也不要将自己的错误迁就于别人的身上，冷静地分析问题，就能做到不动气。

竞选失败的议员

在 20 世纪 60 年代的美国，有一位很有才华、曾经做过大学校长的人，准备竞选美国中西部某州的议会议员。此人资历很高，又精明能干、博学多识，看起来很有希望赢得选举的胜利。但是，在选举的中期，有一个小谣言散布开来：三四年前，在该州首府举行的一次教育大会中，他跟一位年轻女教师"有那么一点暧昧的行为"。

这实在是一个弥天大谎，这位候选人对此感到非常愤怒，并尽力想要为自己辩解。

由于按捺不住对这一恶毒谣言的怒火，在以后的每一次集会中，他都要站起来极力澄清事实，证明自己的清白。其实，大部分的选民根本没有听到过这件事，但是，现在人们却愈来愈相信有那么一回事，真是愈抹愈黑。公众们振振有词地反问："如果他真是无辜的，他为什么要百般为自己狡辩呢？"如此火上加油，这位候选人的情绪变得更坏，也更加气急败坏声嘶力竭地在各种场合下为自己洗刷，谴责谣言的传播。然而，这却更使人们对谣言信以为真。最悲哀的是，连他的太太也开始转而相信谣言，夫妻之间的亲密关系被破坏殆尽。

最后他竞选失败，从此一蹶不振。其实这都是竞争对手设计出来的，他何苦对此如此在意呢？

～小故事大改变

人们在生活中有时会遇到恶意的指控、陷害，更经常会遇到种种不如意。有的人会因此大动肝火，结果把事情搞得越来越糟，就像上面这位议员一样。

我们都会因不愉快的事而情绪不佳，这时你不妨试试转移自己的情绪注意力，不要在不愉快的事情上纠缠不休。如果你越要弄个清楚，会越陷入失败的泥沼不能自拔。

情绪失控，满盘皆输

哈里是一家拥有数百万美元资金的日常消费品公司驻澳大利亚办事处的经理，他刚刚目睹自己的组织经历了两年来的第二次合并，这种合并带来的后果可想而知。美国总部领导核心的突然调整使得公司落入一拨对业务茫然不知所措的人手里，公司前途渺茫。同样困扰人们的是，第二次合并以及新公司的成立，使公司一直以来赖以生存的 IT 系统和商品供应链发生断裂。高级财务经理被迫用电子表格制作定期报告，为成百上千的产品线统计数十万美元的收益。

就在事情看起来糟糕得不能再糟糕的时候，总部的新老板们开始给员工提出更高的业绩，这在哈里看来简直就是天方夜谭。在当时的经济气候下，这些业绩根本不可能达成，更别提公司合并带来的许多不确定因素了。此外，公司现存的市场营销战略是根据传统的零售分配链制定的，和竞争对手采用的高效的电子商务相比，耗费了太多成本，逐渐丧失了竞争力，因此需要对这个问题重新进行严肃的思考。

哈里和他的工作小组拼命地向总部传达他们对此事的关注和建议，但是新一届的管理层不为所动。于是过去两年来积聚的情绪上的不满与烦闷迅速剧变成为毒素。没过多久，这种压力就在公司的业绩表上得到了体现，并最终在哈里身上表现出来。过高的业绩要求使哈里手下的职员们感到沮丧和愤怒，最终使他们疲惫不堪。

虽然这位经理已经倾尽全力帮助员工们减轻公司下达的任务命令了，但来自总部的无情压力最终还是把员工和哈里的创造力和活力消磨殆尽，公司的财务收益每况愈下。尽管员工们对哈里仍然忠心耿耿，但他们已经摩拳擦掌，开始准备另谋出路了。当承受了一年来自总部的无情压力后，哈里也结束了在该公司的职业生涯。

😊 小故事大改变

自我控制是一种重要的能力，也是人区别于动物的重要标志。人是有理性的人，而非依赖感情行事。没有自制力的人终将一事无成，他因为一点小刺激和小诱惑就抵制不了，继而容易深陷其中，最终害的还是自己。

"保持冷静，保持柯立芝"

卡尔文·柯立芝是美国第 30 任总统。他虽然政绩平平，却也极有特色。

1924 年，柯立芝谋求连任，在竞选中以压倒性优势击败民主党候选人。共和党的竞选口号是："保持冷静，保持柯立芝。"

自从入主白宫以后，他常把摇椅放在门廊里，晚上坐在那里抽雪茄。比起其他任何一个总统来，他做的工作最少，做的决策也最少。美国作家门肯说："他在 5 年又 7 个月的总统生涯中，所做出的最大功绩就是比其他任何一个总统睡得都多——睡觉多，说话少。他把自己裹在高尚神圣的沉默中，双脚搭在桌子上，打发走一天天懒惰的日子。"

人们给柯立芝起了一个"沉默的卡尔"的绰号，这不是没有道理的。

柯立芝真正能做到只说三言两语，甚或一言不发，如果他要这样做的话。

1924 年大选时，心急的新闻记者找到柯立芝，问他："关于这次竞选你有什么话要说吗？"

"NO（没有）。"柯立芝回答说。

"你能就世界局势给我们谈点什么吗？"另一个记者问道。

"NO（不能）。"

"能谈一下关于禁酒令的消息吗？"

"NO（不能）。"

当失望的记者们要离开时，柯立芝严肃地说："记住，不要引用我的话。"

他在加利福尼亚州旅行结束就要返回华盛顿时，电台记者们采访了他，问他对美国人民有什么话要说，他愣了一会儿，说："再见。"

柯立芝知道自己该怎样应付这种场面。"如果你什么也不说，"他有一次这样解释道，"就不会有人要你去重复。"

据门肯回忆说："柯立芝作为美国总统的有价值的记录几乎是个空白，没有什么人记得他做过什么事，或说过什么话。"但门肯错了，柯立芝说过的很多话后来都成了名言警句。

他担任马萨诸塞州州长时，波士顿警察举行罢工，他对此评论道："任何人，不论在任何地方、任何时候都没有权力举行罢工反对公共安全。"这话使他在全美国出了名，对日后当选副总统颇有效力。

小故事大改变

柯立芝总统给世人印象最深刻的一句话是："如果我们能坐

下来，保持冷静，我们生活中五分之四的困难就会消失。"在你准备发表比较重要的言论的时候，是否也能够保持足够的冷静呢?

华盛顿和佩恩的故事

华盛顿在上小学时，就开始了他毕生的不断约束自己的努力，他辛勤地抄写了100多条"怎样成为一名绅士"的准则，其中包括不要在饭桌上剔牙，以及同别人谈话时不要离得太近以免"唾沫星子溅在人家脸上"等。

1754年，已升为上校的华盛顿率部驻防亚历山大市，当时正值弗吉尼亚州议会选举议员，有一个名叫威廉·佩恩的人反对华盛顿成为候选人。

有一次，华盛顿就选举问题和佩恩展开了一场激烈的争论，其间华盛顿失口，说了几句侮辱性的话。身材矮小、脾气暴躁的佩恩怒不可遏，挥起手中的山核桃木手杖将华盛顿打倒在地。

华盛顿的部下闻讯而至，要为他们的长官报仇，华盛顿却阻止并说服大家，平静地退回了营地，一切由他自己来处理。翌日上午，华盛顿托人带给佩恩一张便条，约他到当地一家酒店会面。佩恩自然而然地以为华盛顿会要求他道歉，以及提出决斗的挑战，料想必有一场恶斗。

到了酒店，大出佩恩之所料，他看到的不是手枪，而是酒杯。华盛顿站起身来，笑容可掬，并伸出手来迎接他。

"佩恩先生，"华盛顿说，"人都有犯错误的时候。昨天确实是我的过错。你已采取行动挽回了面子。如果你觉得已经足够，那么就请握住我的手，让我们做个朋友吧！"

这件事就这样皆大欢喜地了结了。从此以后，佩恩成了华盛顿一个热心的崇拜者和坚定的支持者。

🍌 小故事大改变

年轻时的所有不幸遭遇，造就了华盛顿后来的众所周知的坚忍不拔的性格，他学会了要成功地对付环境的唯一办法，是严格地控制自己容易激动的性格。

生活中，不愉快的事情常常折磨我们的心灵，使我们情绪激动，易发脾气，失去理智，做事时总是犯错误。因此，我们应努力使自己保持理智，控制好脾气。那些能取得成就的人往往是能驾驭脾气的人，而失败得一塌糊涂的人通常是那些被脾气驾驭的人。

拥有一颗冷静的头脑

在美军历史上，艾森豪威尔是一个充满戏剧性的传奇人物。

美军历史上，共授予 10 名五星上将，艾森豪威尔是其中晋升最快的：潘兴从准将到五星上将用了 13 年；马歇尔从上校到五星上将用了 20 年；麦克阿瑟从上校到五星上将用了 16 年；布莱德雷从上校到五星上将用了 9 年；阿诺德从准将到五星上将用了 12 年；欧内斯特·金从上校到海军五星上将用了 19 年；切斯特·尼米兹从海军上校到海军五星上将用了 18 年；威廉·哈尔西从海军上校到五星上将用了 16 年，威廉·莱希从海军上校到海军五星上将用了 27 年的时间。而艾森豪威尔从上校到陆军五星上将仅用了 4 年的时间！

太平洋战争爆发后，艾森豪威尔被调到陆军部工作，负责远东事务。

他向马歇尔报到的第一天，马歇尔跟他讲了 20 分钟，最后问他一句话："我们在远东太平洋的行动方针是什么？"如果艾森豪威尔当时就回答的话，那么很有可能不会是后来我们见到的艾森豪威尔了。因为马歇尔最讨厌对重大问题脱口而出的行为，马歇尔认为，这种不假考虑就给予回答的做法，投机的成分很大。

然而，艾森豪威尔却想了片刻，冷静地说："将军，让我考虑几个小时再回答你这个问题，可以吗？"

马歇尔说："好！"于是，在他的笔记本里面，艾森豪威尔的名字下面又多了一行字：此人完全可以胜任准将军衔。

冷静，正是马歇尔选将的重要标准。

⌣小故事大改变

人需要冷静。冷静使人清醒，冷静使人聪慧，冷静使人沉着，冷静使人理智稳健，冷静使人宽厚豁达，冷静使人有条不紊，冷静使人少犯错误，冷静使人心有灵犀，冷静使人高瞻远瞩。

面对金钱、美色、物欲的诱惑时，人需要冷静；得意、顺利、富足、荣耀时，人需要冷静；面对错综复杂的事物，人需要冷静；被人误解、嫉妒、猜疑时，同样需要冷静……

在大是大非面前，我们应该拥有马歇尔一样的头脑，也应该抱定这种原则。对于一个政治家如此，对于个人与个人之间也是如此。

愤怒以愚蠢开始，以后悔告终

成吉思汗是历史上非常了不起的人物，曾经建立了横跨欧亚大陆的帝国。他能够有这样大的成就，与他善于制怒有关；而他之所以善于制怒，则与他的一段传奇经历有关。

有一次，成吉思汗带着一队人马出去打猎。他们一大早便出发了，可是到了中午仍没有收获，只好意兴阑珊地返回帐篷。成吉思汗心有不甘，便又带着皮袋、弓箭以及心爱的飞鹰，独自一人走回山上。

烈日当空之下，他沿着羊肠小径向山上走去，一直走了好长时间，口渴的感觉越来越重，但他却找不到任何水源。

良久，他来到了一个山谷，见有细水从上面一滴一滴地流下来。成吉思汗非常高兴，就从皮袋里取出一只金属杯子，耐着性子用杯去接一滴一滴流下来的水。

当水接到七八分满时，他高兴地把杯子拿到嘴边，想把水喝下去。就在这时，一股疾风猛然把杯子从他手里打了下来。

将到口边的水却被弄洒了，成吉思汗不禁又急又怒。他抬头看见自己的爱鹰在头顶上盘旋，才知道是它捣的鬼。尽管他非常生气，却又无可奈何，只好拿起杯子重新接水喝。

当水再次接到七八分满时，又有一股疾风把水杯再次弄翻了。

原来又是他的飞鹰干的好事！成吉思汗怒到极点，顿生报复心："好！你这只老鹰既然不知好歹，专给我找麻烦，那我就好好整治一下你这家伙！"

于是，成吉思汗一声不响地拾起水杯，再从头等着一滴滴的水。当水接到七八分满时，他悄悄取出尖刀，拿在手中，然后把杯子慢慢地移近嘴边。老鹰再次向他飞来，成吉思汗迅速拿出尖刀，把鹰杀死了。

不过，由于他的注意力过分集中在杀死老鹰上面，却疏忽了手中的杯子，结果杯子掉进了山谷里。成吉思汗无法再接水喝了，不过他想到：既然有水从山上滴下来，那么上面也许有蓄水的地方，很可能是湖泊或山泉：于是他忍住口渴的煎熬，拼尽力气向上爬，几经辛苦后，他终于攀上了山顶，发现那里果然有一个蓄水的池塘。

成吉思汗兴奋极了，立即弯下身子想要喝个饱。忽然，他看见池边有一条大毒蛇的尸体，这时才恍然大悟：原来飞鹰救了我一命，正因它刚才屡屡打翻我杯子里的水，才使我没有喝下被毒蛇污染的水。

成吉思汗明白自己做错了，他带着自责的心情，忍着口渴返回了帐篷。他对自己说："从今以后，我绝不在生气时作决定！"这一决心，使成吉思汗避免了很多错事，给他的雄图霸业带来了莫大的帮助。

🍌小故事大改变

列夫·托尔斯泰说："愤怒使别人遭殃，但受害最大的却是自己。"人一旦处于愤怒的状态，便会失去理智，难以保持清醒的头脑，会作出错误的判断，因而做错事、蠢事的几率便大大增加。

很多有智慧、有成就的人，都曾反复告诫人们：千万别受愤怒包围，被愤怒左右。康德说："生气，是拿别人的错误惩罚自己。"毕达哥拉斯则说："愤怒以愚蠢开始，以后悔告终。"

没有人会跟一个动不动就怒火中烧、结果既伤人又伤己的人融洽地相处和友好地交往。所以孟子说："骤然临之而不惊，无故加之而不怒，此之谓大丈夫。"其实，学会有效制怒不仅是一种很高的人生修养，而且是人在社会上生存、发展所必不可少的能力。

失去自制，谁都能打败你

在富兰克林还是个记者的时候，有位管理员为了显示他对富兰克林一个人在排版间工作的不满，把屋里的蜡烛全部收了起来。这种情况一连发生了好几次。有一天，富兰克林到排版间排一篇准备发表的稿子时，却怎么也找不到蜡烛了。

富兰克林知道是那个人干的，忍不住跳起来，奔向地下室，去找那个管理员。当他到那儿时，发现管理员正在忙着烧锅炉，同时一面吹着口哨，仿佛什么事情也没发生。

富兰克林抑制不住愤怒，对着管理员就破口大骂，一直骂了足足五分钟，才停下来。这时，管理员转过头来，脸上露出开朗的微笑，并以一种充满镇静与自制的声调说："呀，你今天有些激动，是吗？"

他的话就像一把锐利的短剑，一下子刺进了富兰克林的心脏。

想想看，那时候富兰克林会是什么感觉。站在富兰克林面前的是一位文盲，他既不会写也不会读，虽然他做的事不够光明磊落，他却在这场"战争"中打败了富兰克林。更糟糕的是，富兰克林的做法不但没有为自己挽回面子，反而增加了他的羞辱。他开始反省自己，认识到了自己的错误。

富兰克林知道，只有向那个人道歉，内心才能平静。他下定决心后，来到地下室，把那位管理员叫到门边，说："我回来为我的行为道歉，如果你愿意接受的话。"

管理员笑了，说："你不用向我道歉，没有别人听见你刚才说的话，我不会把它说出去的，我们就把它忘了吧。"

这段话对富兰克林的影响更甚于他先前所说的话。他向管理员走去，抓住他的手，使劲儿握了握。他明白，自己不是用手和他握手，而是用心和他握手。

在走回排版间的路上，富兰克林的心情十分愉快，因为他鼓足了勇气，化解了自己做错的事。

从此以后，富兰克林下定了决心，绝不再失去自制。因为凡事以愤怒开始，必以耻辱告终。你一旦失去了自制之后，另外一个人——不管是目不识丁的管理员，还是有教养的绅士，都能轻易地将你打败。

在找回自制之后，富兰克林身上也很快发生了显著的变化。他的笔触开始发挥更大的力量，他的话语也更有分量，并且结交了许多新朋友。这件事成为富兰克林一生当中最重要的转折点。后来，成功的富兰克林回忆说："一个人除非先控制自己，否则他将无法成功。"

小故事大改变

所谓成功的人，其实就是心理障碍突破最多的人。因为每个人或多或少都会有各种各样、大大小小的心理障碍。一些有过心理障碍的人受到了启发，决定做一个掌握情绪的人，不再被情绪控制。所以说，理性人生始于自制力的培养。

克制自己，驾驭命运

一个商人需要一个小伙计，他在商店里的窗户上贴了一张独特的广告："招聘：一个能自我克制的男士。每星期四美元，合适者可以拿六美元。""自我克制"这个术语在村里引起了议论，这有点不平常。这引起了小伙子们的思考，也引起了父母们的思考。这自然引来了众多求职者。

每个求职者都要经过一个特别的考试。

"能阅读吗？孩子。"

"能，先生。"

"你能读一读这一段吗？"他把一张报纸放在小伙子的面前。

"可以，先生。"

"你能一刻不停顿地朗读吗？"

"可以，先生。"

"很好，跟我来。"商人把他带到他的私人办公室，然后把门关上。他把这张报纸送到小伙子手上，上面印着他答应不停顿地读完的那一段文字。阅读刚一开始，商人就放出六只可爱的小狗，小狗跑到男孩的脚边。这太过分了。男孩经受不住诱惑要看看美丽的小狗。由于视线离开了阅读材料，男孩忘记了自己的角色，读错了。当然他失去了这次机会。

就这样，商人打发了七十个男孩。终于，有个男孩不受诱惑一口气读完了。

商人很高兴。他们之间有这样一段对话：商人问："你在读书的时候没有注意到你脚边的小狗吗？"

男孩回答道："对，先生。"

"我想你应该知道它们的存在，对吗？"

"对，先生。"

"那么，为什么你不看一看它们？"

"因为你告诉过我要不停顿地读完这一段。"

"你总是遵守你的诺言吗？"

"的确是，我总是努力地去做，先生。"

商人在办公室里走着，突然高兴地说道："你就是我要的人。明早七点钟来，你每周的工资是六美元。我相信你大有发展前途。"男孩的最终发展的确如商人所说。

😃小故事大改变

克制自己是成功的基本要素之一。太多的人会因某种喜好，不能把自己的精力完全投入到工作中，完成自己伟大的使命。这可以解释成功者和失败者之间的区别。

自我克制是品格的力量。能够驾驭自己的人，比征服了一座城池的人还要伟大。意志造就强者，造就机遇，造就成功。

真正的剑术高手

欧玛尔是英国历史上著名的剑术高手。他有一个实力相当的对手。两个人互相挑战了30年，却一直难分胜负。

有一次，两个人正在决斗的时候，欧玛尔的对手不小心从马上摔了下来。欧玛尔看见机会来了，立刻拿着剑从马上跳到对手身边。这时只要一剑刺去，欧玛尔就能赢得这场比赛了。欧玛尔的对手眼看着自己就要输了，因此感到非常愤怒，情急之下便朝欧玛尔的脸上吐了一口口水。这不仅是为了表达自己的怒气，也是为了要羞辱欧玛尔。没想到欧玛尔在脸上被吐了口水之后，反而停下来对他的对手说："你起来，我们明天再继续这场决斗。"

欧玛尔的对手面对这个突如其来的举动，感到相当诧异，一时间显得有点不知所措。

欧玛尔向这位交战了 30 年的对手说："这 30 年来，我一直训练自己，让自己不带一丝一毫的怒气作战，因此，我才能在决斗中保持冷静，并且立于不败之地。刚才，在你吐我口水的那一瞬间，我知道自己生气了。要是在这个时候杀死你，我一点都不会有获得胜利的感觉。所以，我们的决斗明天再开始。"

可是，这场决斗却再也没有开始。因为，欧玛尔的对手从此以后变成了他的学生，他也想学会如何不带着怒气作战。

小故事大改变

一个人在受到挑衅的时候是很容易生气的，而一旦生了气，就会做出缺乏理智的事情。面对挑衅，首先最大度的做法是冷静和忍耐。

人人都会有情绪，但是，若想成为人生战场上的常胜将军，你就得学会好好控制它。

梵高和毕加索的不同命运

文森特·梵高生于荷兰乡村的一个新教牧师家庭，他早年做过职员和商行经纪人，还当过矿区的传教士。他终身卖出去过一幅画，是 2 法郎。造化弄人，1987 的时候，梵高的《向日葵》在伦敦以 2250 万英镑的天价脱手。

梵高从小就是一个性格孤僻、固执己见的人，他充满幻想、爱走极端。因此，在生活中屡遭挫折和失败，最后他投身于绘画，决心"在绘画中与自己苦斗"。他早期画风写实，受到荷兰传统绘画及法国写实主义画派的影响。1886 年，他来到巴黎谋生，结识了印象派和新印象派画家，并接触到日本浮世绘的作品。视野的扩展使其画风巨变，他的画，开始由早期的沉闷、昏暗而变得简洁、明亮和色彩强烈。而当他 1888 年来到法国南部小镇阿尔的时候，则已经摆脱印象派及新印象派的影响，走到了与之背道而驰的境地。此后，梵高的疯病时常发作，但神志清醒时他仍然坚持作画。梵高心中强烈的激情和努力的压抑，都在图画上面宣泄。1890 年，梵高在麦地里开枪自杀，年仅 37 岁。

另一位出身于西班牙的大画家毕加索，成就和名誉与梵高不相伯仲，然而其性格和结局与梵高有着巨大的差异。他一生辉煌之至，是有史以来第一个活着亲眼看到自己的作品被收藏进卢浮宫的画家。在 1999 年 12 月法国一家报纸进行的一次民意调查中，他以 40% 的高票当选为 20 世纪最伟大的 10 个画家之首。这位伟大的西班牙画家死的时候是 91 岁，世人称之为"世界上最年轻的画家"。

为什么要把他叫作"世界上最年轻的画家"呢？这是因为在

90 岁高龄时，他拿起颜色和画笔开始画一幅新的画时，对世界上的事物好像还是第一次看到一样。正是由于画家有着这样新奇的眼睛与童真一样的思想，所以，在他的人生道路上，走得很顺利，再加上自己的天才艺术水平，他的人生是充满鲜花与掌声的。他有过登峰造极的境界，他的作品不论是陶瓷、版画、雕刻都如童稚般的游戏。

梵高与毕加索相同的地方在于，两人对于艺术的追求都有一种孜孜不倦的精神，对于各种风格的艺术都有强烈的感受力。不同的地方在于，梵高的情绪波动很大，容易为外界环境所影响，毕加索则冷静理智，以旷达的心胸看待人生中的一切，全身心投入到自己的艺术创作中。毕加索说过："当我们以忘我的精神去工作时，有时我们所作的事会自动地倾向我们。不必过分烦恼各种事情，因为它会很自然或偶然地来到你身边！"他静静地离去，走完了 91 岁的漫长生涯，如愿以偿地度过了一生。

小故事大改变

从梵高和毕加索身上看到的有价值的东西，就是"情感智力"在他们一生中所扮演的角色。我们或许只是他们的崇拜者，不会去艳羡他们的人生，自己的路自己走，把握好自己情感世界的脉动，"天才"才不至于沦落到社会的最底层。

比赛中的情感和理智

在2001年7月召开的英国公开赛中，高尔夫球运动员伊恩·乌斯纳姆的球童迈尔斯犯了一个致命的错误。他在包里多装了一根球杆，这使乌斯纳姆受到了两击的惩罚。乌斯纳姆气愤地将那个多余的球杆摔在地上。愤怒的情绪使他在下两个球洞打出比标准杆多一杆的糟糕成绩。

接下来的情况是，乌斯纳姆在后来的比赛中恢复了正常，最终以标准杆数结束比赛。尽管失去了赢得公开赛的机会，但是，我们看到，乌斯纳姆感知自己情绪并理智地运用这种情绪的能力使他在那天的比赛中免遭一败涂地的结局。

比赛过后，当有人问到有关球童犯错的问题时，乌斯纳姆说："他一生中再也不会犯下这样的大错了，再也不会了。他是个不错的球童。我不会开除他的。他是个好孩子……"

他决定不开除迈尔斯，这个决定正是情感与理智结合的结果。

与此相反，网球明星安德烈·阿加西的"情绪化"表现给他带来的是极大的遗憾。

一次在球场上，有人听见阿加西嘟哝了一些发狠的话，这使得他那天赛场上的感觉十分糟糕。裁判向他发出了警告，但是，这件事让阿加西更加心烦意乱。不一会儿，他就将一个十分容易击到的球打到了网上，结果他输掉了比赛。

〰️小故事大改变

情感是人类生命的中心，我们的生命不只包括亲友和周围的人，还有每天与我们互动的许多人。情感深深地影响着我们，在绝大多数时间里，它们处于我们的意识控制之外，能够使我们失控。但是，我们不应该成为它们的奴隶，我们应该对它们留心、深思，并加以有意识地控制，使我们能够控制并调整我们的情感，把它们与我们的既定目标联系在一起，使我们能够更富有成效地行动。

情商决定最后的成败

耶鲁大学发生过两个学生的故事。

一个学生名叫佩恩，他才华横溢，富有创造性。但佩恩的问题在于他知道自己是个天才，结果正如一位教授评价的那样，他"令人难以置信的傲慢"。尽管他才思敏捷，却惹人讨厌，尤其是他的同学都很不喜欢他。不过，佩恩的考试成绩仍然科科名列前茅。毕业时，他成了抢手货，他所学领域的所有大公司都纷纷给他提供面试机会。至少从他的档案来看，他应是公司的首选对象。然而，佩恩的恃才自傲溢于言表。最后，他只能在一个二流的公司里谋得一份工作。

另一个学生名叫马特，与佩恩同一专业。他的学业成绩不如佩恩那样顶尖，但他却擅长与人交往，与他共事的人都喜欢他。在经过 8 次面试后，有 7 家公司决定聘用他。

两年后，佩恩丢掉第一份工作，而马特却正春风得意，事业顺利。

小故事大改变

佩恩是低情感智商的典型，而马特则具有高情感智商。高情感智商与认知能力结合，就能产生事半功倍的效果。工作中的佼佼者往往是两者兼而有之。越是复杂的工作，情感智商的影响越大。假如欠缺情感智商，就会妨碍人们运用他们的技术专长。学业的好坏只反映了一种基本能力，你需要凭它来进入某一领域。但这种学业能力不能使人成为明星、大师，情感智商对人们取得非凡成就才起着举足轻重的作用。

你与梦想之间，只差一个行动

人对于自己的一生必须有美好的憧憬，但是，这种憧憬是不可能靠着空谈和等待实现的。功成名就的人都是付出行动解决问题的人，他们依照正确的原则掌握主动，做了需要做的事情，并完成工作目标。

幸运不会从天上掉下来，成功是不会等人的，要成功先行动。行动，就在此时此刻，马上行动，全力以赴！

不要追求虚幻的经典

有个女孩偶然得到了一个做工精美的匣子，在一个有着美丽月色的晚上，女孩好奇地把玩这匣子，幻想着其中的神秘。

匣子是那么不容易开启，以致女孩在竭尽全力后，手一滑将匣子跌落在地上。瞬间，一个发着月亮般光芒、变幻异常的水晶球滑过黑夜，闪着神秘的折光掉在了地上，刹那间变成无数不同截面的水晶块。水晶已碎，但那一闪即逝的美丽却永远留驻在女孩的情怀中，完美而经典。

为了重新找到那份绚丽，女孩将匣子留在了身边，希望有一天重新找到一颗同样的水晶球放在里面，倘若找不到，就让匣子成为一种曾经拥有的见证。

过了很多年，女孩的匣子依旧空着，这期间有许多希望得到女孩青睐的人送来了各种大而美丽的水晶球，但在女孩看来，那些纯正、光亮的水晶球都无法发出那绚丽的光芒，所以女孩拒绝了他们。就这样，女孩日复一日，年复一年地苦苦等待心中的那颗水晶。

又是一个同样的夜晚，女孩已经不知道第几次独自来到那块曾经获得水晶的地方，孤独和寂寞无法驱散她对那颗水晶球的痴心。那些曾经要博取自己欢心的男孩，已经将他们连同他们的水晶球一并送给了别的女子。对此，她只是冷傲地一笑，认为那些女子太容易满足，不懂得什么叫经典。

又是一个不寻常的夜，就在女孩默默祈祷奇迹快来临时，她惊奇地发现脚下出现了一个同样的水晶球，一切的一切如此熟悉，璀璨依旧，神秘依旧，女孩此时感到世界如此美好，那匣子和自己的心都永远不会再空了！

太阳升起时，女孩又捧起水晶球，此时她竟然发现日光下水晶球已经不再闪亮，通明的外表被涂了一层紫荧光粉，擦去荧光粉，手中的居然是随便在哪个小摊上都可以找到的玻璃球，也正是女孩平时不屑一看的那种。

天哪，为什么这样？难道几年来自己所心仪、所等待的仅仅是一个玻璃球？不可能的啊，女孩去拜访世界上最聪明的智者。

智者告诉女孩，涂了荧光粉的玻璃在夜晚都如此美丽，但白天就是玻璃。他还说，人不应追求一个虚幻的经典，更不能为它而错过了所有真实的季节和美丽。

〰️小故事大改变

这是一个多么美丽的寓言啊！我想每个人的内心深处都曾有过那个一闪即逝的水晶球，它因朦胧而美丽，因短暂而神秘，也许它可以成为你心中永恒的经典回忆，但却不值得用真实的时间和青春去执着等待。

不做空想家，要做实干家

一个老鼠洞里的老鼠越来越少，老大让一只行动灵巧的小老鼠去看看出了什么事情。

小老鼠慌慌张张地回来报告说："老大，老大，大事不好，有一只又大又凶的猫出现了，每天都要吃几只老鼠。"

老大于是带领三只最大的老鼠去打猫，一回合还没打完就被打败了。老大又带了三只最狡猾的老鼠去骗猫，结果偷鸡不成蚀把米，被猫吃掉了。

老大看着兄弟们一个个死去，急得像热锅上的蚂蚁，左思右想，终于想出一个主意。他召集大家说："谁能想出一个对付老猫的好办法，我就把老大这个位置传给谁。"

重赏之下必有勇夫。这时有一只灰毛老鼠说："虽然我们打不过那只猫，但如果给猫戴上铃铛，只要猫一动我们就知道了，然后就可以逃跑了。"

老鼠们都觉得这个主意好，老大也认为不错，就把位置传给了这只灰毛老鼠。

过了几天后，老大又听到有老鼠被猫吃掉的消息。老大心里纳闷，于是找到灰毛老鼠质问："这是怎么回事？不是说给猫戴上铃铛就没有事情了吗？"

灰毛老鼠支支吾吾地说："这……这……"

旁边的一只老鼠抢着说："因为它根本就没有去给猫戴铃铛，它怕被猫吃掉！"

老大听了，觉得受到了侮辱，一气之下把灰毛老鼠咬死了。

空想家就是凡事总是想得很好，却不会付诸行动去实现的人。有些人习惯了空想，他们把明明不可为的事情说得天花乱坠，而可为的事，也只是做嘴上文章，从来不会去付诸实现。就像这个故事中的灰毛老鼠，就是一个典型的空想者。

☜小故事大改变

自己没有能力做到的事情就不要勉强，自己觉得能做的事情，也不要光说不练，虽然空想可以让别人一时对你刮目相看，时间久了，就会漏出自己本来的面目，这样就不会有人再相信你了。所以不要做一个空想家，要做一个实实在在的实干家。

只有真实的行动才能让自己有所作为，不要空谈理想，要用实际行动去实现自己的理想。

不要把希望寄托在明天

在春天的某个早晨，太阳刚刚探出头来，喜鹊就来到了猫头鹰的家门口，用悦耳的嗓音欢快地叫着："猫头鹰先生，快起床了，借着现在这明媚的阳光、清新的空气，练习我们的捕食本领，不要再睡懒觉了呀。"

这时猫头鹰身体一动不动地蜷缩在窝里，睁一只眼闭一只眼，懒洋洋地说："是谁呀？这么早就上这来瞎叫，我都还没有睡醒呢，啥时候练不行啊，也不怕耽搁这一会儿半会儿的，你让我再睡一下，你自己走吧。"

喜鹊听猫头鹰这么说，只好一个人去锻炼了。到中午，喜鹊又来了，猫头鹰虽然醒是醒了，但还是在床上躺着，喜鹊刚要说话，猫头鹰抢在他前面说："天还长着呢，练什么呢，也不差这一下两下的，趁早还是好好休息一下的好。"

喜鹊说："已经不早了，都快到中午了，你该捕食锻炼了。"可是猫头鹰还是不起身。太阳落山之前，喜鹊又飞到猫头鹰家，看见猫头鹰刚刚起床洗脸，就对它说："天要黑了，我要休息了，你怎么才洗脸啊。"

猫头鹰说："我就这习惯，晚上饿了我才开始捕食，来得及来得及。"喜鹊说："这么晚了你哪里还能捕到什么食啊。"

这时，天已经黑下来了，猫头鹰拍打着翅膀从一棵树飞到另一棵树，累得筋疲力尽，却什么食物也没捕到，肚子饿得咕咕叫，它自己也咕咕直叫，声音非常的难听。

这虽然是个童话故事，但是能让我们有很大的收获。一开始不做的事情，到后来更没有心思去做了，猫头鹰就是这样，一大清早，不愿去练习，中午到晚上更不愿去做了。

小故事大改变

所以，我们千万不要把现在该做的事情寄寓到以后再去做，那是一定做不到的，因为人就是这样，一旦拖延了，就很难再追上了。所以，做什么事都要抓住现在的机会，千万不要把希望寄托在明天。今天不做的事情明天也是做不了的。

"今天写两页"

几年前，肯尼斯与书商签订合同写一本书，这可是他第一次写书。肯尼斯总共有 6 个月的写作时间，所以，在这半年的工作日程表上，他每天都写着"写书"两个字。

但是 6 个月很快就过去了，肯尼斯的书并没有写出来。书商只好再给他 3 个月的时间。在这 3 个月的时间内，肯尼斯的工作日程表上仍然天天写有"写书"两个字，但书仍然没有写出来。最后，书商无可奈何地又给了他 3 个月时间，不过这次要是再写不出来，那可就得撕毁合同了。肯尼斯发愁："这可怎么办呢？"

幸运的是，肯尼斯遇到了《服务于美国》一书的作者卡尔·阿尔布雷希特，他给了肯尼斯一个指点——要化整为零。阿尔布雷希特问肯尼斯："你总共要写多少页书？"

肯尼斯说："180 页。"

阿尔布雷希特又问："你总共有多少写作时间？"

"90 天时间。"

阿尔布雷希特说："很简单，只要你在工作日程表上写上'今天写两页'就行了。"

从此，肯尼斯每天写两页，要是顺利的话，每天可写上四五页。但不管是哪一天，他至少会写出两页。就这样，在阿尔布雷希特的指导下，肯尼斯仅用了一个月的时间就写出了这本书。

小故事大改变

"千里之行，始于足下。"在实现目标的过程当中尤其如此。

开启命运之门的钥匙

四岁的小克莱门斯上学了。教书的霍尔太太是一位虔诚的基督徒，每次上课之前，她都要领着孩子们进行祈祷。因为她认为，只要认真祈祷，你就会得到你想要的东西。

小克莱门斯特别想得到一块很大很大的面包，于是他天天关起门来祈祷，一个月过去了，上帝并没有给予小克莱门斯一块面包。一个金色头发的小姑娘告诉他，一块面包用几个硬币就可以买到，为什么花那么多时间去祈祷上帝，而不是去赚钱买面包呢?

小克莱门斯决定不再祈祷。他相信小姑娘所说的正是自己想要知道的——只有通过实际的工作来获得自己想要的东西。而祈祷，永远只能让你停留在等待中。小克莱门斯对自己说："我不要再为一件卑微的小东西祈祷了。"他带着对生活的坚定信心走向了新的道路。

多年以后，小克莱门斯长大成人，当他用笔名马克·吐温发表作品的时候，他已经是一名为了理想勇敢战斗的作家了。他再没有祈祷上帝，因为在无数个艰难的日子中，他都记着：不要为卑微的东西祈祷! 只有奋斗和努力是真实的，只有自己的汗水是真实的。

祈祷天堂里的上帝，不如相信真实的自己；祈祷虚无的上帝，不如付出诚实的劳动。

～小故事大改变

幻想等待，成功永远都不会属于你的。只有你自己的努力才是实实在在的，行动和勤奋是把握自己命运的钥匙。

当理想在你身上实现时，世人会感叹又一个奇迹出现了。然而，奇迹不是上帝的力量，而是你自己积极行动、奋力拼搏的结果。

想干大事先闭嘴

青蛙和大雁一家是邻居，他们常常在一起玩耍，感情非常好。可是冬天到了，大雁要迁徙了。

这天，他们向青蛙告别，青蛙说："我的好邻居，我可舍不得离开你们！你们走了，我可怎么办呢？"大雁一家也发愁了，他们说："那咱们走吧，到时候还能一起玩呢！不过我们有翅膀会飞，你呢，只会蹦蹦跳跳，跟不上我们呀！"青蛙挺聪明，想出了一个好办法。他说："我去找一根小棍来，大雁哥哥咬住这一头，大雁嫂子咬住那一头，我呢，就咬住小棍子中间，你们一起飞，不就把我带走了吗？"大雁听了乐得嘎嘎叫："这可真是个好办法！"青蛙蹦蹦跳跳地找来了一根小棍子，大雁哥哥咬住这一头，大雁嫂子咬住那一头，青蛙咬住小棍子的中间。两只大雁一起飞，就把青蛙带上了天。

大雁飞呀，飞呀，飞过一个村子。村里的人们都看见了，他们一齐喊道："你们看，大雁带着青蛙飞，大雁可真聪明。"青蛙听了心里挺不高兴，他想："这办法是我想出来的，怎么说大雁聪明呢？"大雁飞呀，飞呀，又飞过了第二个村子。人们也是这样喊道。青蛙更不高兴了。大雁飞过第三个村子，很多人喊起来："快来看呀，大雁还带着青蛙飞，大雁真聪明。"

青蛙听到这话气坏了，他再也憋不住了，就大声嚷起来："这个办法是我想出来的！"

可是，青蛙刚把嘴巴张开，就从天上掉下来了。

小故事大改变

我们做事成功时，说话少、用力多是原因之一。凡是把事办砸了的，原因之一便是嘴张得大，话又多。

着手做一件大事，尤其是需要使用大气力的事，往往必须闭上嘴，憋足了劲。举些通俗的例子，运动员的举重、赛跑、打球，大都是闭着嘴干的，意在集中精神和体力。若是夸夸其谈，只空谈不行动，注定要失败。

人生的抉择容不得犹豫

作家周国平先生讲过这样一个故事。

一个农民从洪水中救起了他的妻子，他的孩子却被淹死了。事后，人们议论纷纷。有人说他做得对，因为孩子可以再生一个，妻子却不能死而复活。有人说他做错了，因为妻子可以另娶一个，孩子却没法儿死而复生。

周国平听说了这个故事，也感到疑惑难决，就去问农民。农民告诉他，他救人时什么也没去想。洪水袭来，妻子在他身边，他抓起妻子就往山坡游。待返回时，孩子已被洪水冲走了。

这个农民如果进行一番抉择的话，事情的结果会是怎样呢？洪水袭来了，妻子和孩子都被卷进漩涡，片刻之间就要没了性命，而这个农民还在山坡上进行抉择，救妻子重要呢，还是救孩子重要？也许等不到农民继续往下想救妻子还是救孩子的利弊，洪水就把他的妻儿都冲走了。

人生当中，有许多时候，我们并没有机会和时间进行抉择。有人总喜欢在做一件事情之前再三权衡利弊，犹犹豫豫，举棋不定。结果，待到想好了去做的时候，早已时过境迁，机会已经没有了。把手头的机会抓住，这是至关重要的。最靠近你的机会，就是最重要的和最迫切的。把手头的机会抓住了，就等于把一切机会都抓住了。因为，过去的机会已不复存在，而未来的机会是要一步一步才逼近你身边的。没有到来之前，你纵然绞尽脑汁，也是徒劳枉然。

小故事大改变

人生的抉择是最困难的，也是最简单的。困难在于你总是把抉择当作抉择。简单在于你别去考虑抉择问题，只是动手去做。人生的抉择，一直困扰着无数的人。可笑的是，这个没文化的农民，可以做我们这些文化人的导师。

为自己买件"红衬衫"

曾经有一个衣衫褴褛、满身补丁的男孩，跑到摩天大楼的工地向一位衣着华丽、口叼烟斗的建筑承包商请教："我该怎么做，长大后会跟你一样有钱？"

这位高大强壮的建筑承包商看了小家伙一眼，回答说："我先给你讲一个三个掘沟人的故事。一个拄着铲子说，他将来一定要做老板。第二个抱怨工作时间长，报酬低。第三个只是低头挖沟。过了若干年，第一个仍在拄着铲子；第二个虚报工伤，找到借口退休；第三个呢？他成了那家公司的老板。你明白这个故事的寓意吗？小伙子，去买件红衬衫，然后埋头苦干。"

小男孩满脸困惑，百思不解其中的道理，只好再请他说明。承包商指着那批正在脚手架上工作的建筑工人，对男孩说："看到那些人了吗？他们全都是我的工人。我无法记得他们每一个人的名字，甚至有些人，根本连脸孔都没印象。但是，你仔细瞧他们之中，只有那边那个晒得红红的家伙，穿一件红色衣服。我很快就注意到，他似乎比别人更卖力，做得更起劲。他每天总是比其他的人早一点上工。工作时也比较拼命。而下工的时候，他总是最后一个下班。就因为他那件红衬衫，使他在这群工人中间特别突出。我现在就要过去找他，派他当我的监工。从今天开始，我相信他会更卖命，说不定很快就会成为我的副手。"

"小伙子，我也是这样爬上来的。我非常卖力工作，表现得比所有人更好。如果当初我跟大家一样穿上蓝色的工人服，那么就很可能没有人会注意到我的表现了。所以，我天天穿条纹衬衫，同时加倍努力。不久，我就出头了。老板注意到我，升我当工头。后来我存够了钱，终于自己当了老板。"

🍌小故事大改变

"红衬衫"是行动的象征，不管你从事的是什么职业，你都要为自己买件"红衬衫"。因为要想出人头地，除了行动之外，没有任何捷径，更没有任何替代品。

成功只能在行动中产生。付诸行动，这是成功者的共同经验，也是开发生命的必然要求，你越多地开发生命的宝藏，你就会越明显地感到行动的重要性，开发生命必须落实到实践行动，瞄准你的生命目标，从现在起就开始行动吧。

乔丹：我比任何人都努力

世界最伟大的篮球运动员迈克尔·乔丹在率领公牛队获得两次三连冠后，毅然决定退出篮坛，因为他已经得到世界上篮球运动史中最多的个人光荣纪录与团队纪录，甚至是 20 世纪最伟大的体坛运动员。

在退休后，他说："我成功了！因为我比任何人都努力。"

乔丹不只比任何人都努力，在他已经是最顶尖的时候，他还比自己更努力，不断突破自己的极限。

在公牛队练球的时候，他的练习时间比任何人都长，据说他除了睡觉时间之外，其余一天只休息两个小时，剩下时间全部练球。

有的篮球运动员经常在罚球的时候投不进球，于是，对手就不断运用策略在他身上犯规。如果他一天也像乔丹一样只休息两个小时，其余时间全部站在罚球线练球增加自己的准度，这样持续一年下来，他罚球的能力定会提高。

〜 小故事大改变

"努力"这两个字听起来好像令你不很愿意去做，但是并不能回避这两个字，因为成功的确需要努力。

看看这个世界上的成功人士，他们努不努力？世界首富比尔盖茨工作努不努力？与他一起工作的人说他简直是工作狂。有了努力，就会有精彩的表现。

请你努力做一切能帮你成功的事！努力找寻成功的方法，努力学习，努力采取行动！你要比你的竞争对手还努力，比任何人都努力，比第一名还努力，你就一定会成功。你的表现将会更加精彩。

海明威的行动哲学

著名作家海明威小的时候很爱空想，于是父亲给他讲了这样一个故事：

有一个人向一位思想家请教："你成为一位伟大的思想家，成功的关键是什么？"思想家告诉他："多思多想多行！"

这人听了思想家的话，仿佛很有收获。回家后躺在床上，望着天花板，一动不动地开始"多思多想多行"。

一个月后，这人的妻子跑来找思想家："求您去看看我丈夫吧，他从您这儿回去后，就像中了魔一样。"思想家跟着到那人家中一看，只见那人已变得形销骨立。他挣扎着爬起来问思想家："我每天除了吃饭，一直在思考，你看我离伟大的思想家还有多远？"

思想家问："你整天只想不做，那你思考了些什么呢？"

那人道："想的东西太多，头脑都快装不下了。"

"我看你除了脑袋上长满了头发，收获的全是垃圾。"

"垃圾？"

"只想不做的人只能生产思想垃圾。"思想家答道。

在父亲的教导下，海明威后来终其一生也总是喜欢实干而不是空谈，并且在其不朽的作品中，塑造了无数推崇实干而不尚空谈的"硬汉"形象。作为一个成功的作家，海明威有着自己的行动哲学。"没有行动，我有时感觉十分痛苦，简直痛不欲生。"海明威说。正因为如此，读他的作品，人们发现其中的主人公们从来不说"我痛苦""我失望"之类的话，而只是说"喝酒去""钓鱼吧"。

海明威之所以能写出流传后世的名著，就在于他一生行万里路，足迹踏遍了亚、非、欧、美各大洲。他的文章的大部分背景都是他曾经去过的地方。在他实实在在的行动下，他取得了巨大的成功。

小故事大改变

我们这个世界缺少实干家，而从来不缺少空想家。那些爱空想的人，总是有满腹经纶，他们是思想的巨人，却是行动的矮子；这样的人，只会为我们的世界凭添混乱，自己一无所获，而不会创造任何的价值。

思想是好东西，但要紧的是要付诸行动。任何事情本来就是要在行动中实现的。

汤姆·霍普金斯：马上行动

汤姆·霍普金斯是当今世界第一名推销训练大师，接受过其训练的学生在全球超过 500 万人。他是全世界单年内销售最多房屋的地产业务员，平均每天卖一幢房子，至今仍是吉尼斯世界记录保持人。他的成功秘诀就是马上行动，不找太多理由。

他一遍一遍地重复"马上行动"这句话，直到它成为习惯和行为本能。

当他早上一睁开眼睛就要说这句话：马上行动！免得"再多睡一会儿嘛"占据脑海。

当他出门推销时，他就立刻开口说这句话：马上行动！免得"客户会拒绝你"占据他的思想。

当他站在客户的门口，就立刻开口说这句话：马上行动！免得"犹豫不安"占据他的斗志和信心。

汤姆·霍普金斯曾经负责过一次全球绝无仅有的、耗资最贵的推销计划，那就是1996年亚特兰大夏季奥运会的全球推销计划，而且做得非常成功。

汤姆·霍普金斯把自己的成功归结为自己是一个行动迅速的人，不会给自己的行动找太多理由，只需要告诉自己要马上去做。他认为只要去做了就能有收获，即使是失败也能给自己带来一定的教训，可以避免下次再犯同样的错误，如果在做之前总是在寻找说服自己的理由，也许还没有开始行动的时候，别人已经跑到了你前面，当你再开始跑的时候已经太晚了。

有一位成功者，许多人问他："你这么的成功，曾经遇到过困难吗？"

"当然！"他说。

"当你遇到困难时如何处理？"

"马上行动！"他说。

"当你遇到经济上或其他方面的重大压力时呢？"

"马上行动！"他说。

"在婚姻、感情上遇到挫折或沟通不良的话呢？"

"马上行动！"他还是这样说。

"在你人生过程中遇到困难都这么处理吗？"

"马上行动！"他只有一个答案。

〜小故事大改变

马上行动是解决问题的好方法。当你有了明确的目标，知道自己想要什么的时候，就不要再给自己找理由了，立即去行动！行动不需要太多理由，不必去想很多理由去说服自己行动，只要你认定了心中的目标，就要把它付诸行动，因为只有行动能让你有成功的机会。

现在，也让我们马上行动来突破现状！

一场 100 万美元的演讲

一位年轻人在大学读书，有一天他向校长提出了改进大学教育制度弊端的若干建议。他的意见没被校长接受，于是他决定自己办一所大学，自己当校长来消除这些弊端。

办学校至少需要 100 万美元。上哪儿去找这么多钱呢？等毕业后去挣，那太遥远了。于是，他每天都在寝室内苦思冥想如何能有 100 万美元。同学们都认为他有神经病，梦想天上掉钱来。但年轻人不以为然，他坚信自己可以筹到这笔钱。

终于有一天，他想到了一个办法。他打电话到报社说，他准备明天举行一个演讲会，题目叫《如果我有 100 万美元》。
第二天的演讲吸引了许多商界人士。面对台下诸多成功人士，
他在台上全心全意、发自内心地说出了自己的构想。最后演讲完
毕，一个叫菲利普·亚默的商人站了起来，说："小伙子，你讲
得非常好。我决定投资 100 万，就照你说的办。"就这样，年轻
人用这笔钱办了亚默理工学院，也就是现在著名的伊利诺理工学
院的前身。而这个年轻人就是后来备受人们爱戴的哲学家、教
育家冈索勒斯。

小故事大改变

　　生活中无论做什么事，付诸行动尤为重要。如果说敢想就成
功了一半，那么另一半就是去做。立刻行动，现在就去行动，大
量的行动，持续不断的行动。这样，你才会成功。

人生就是一顿自助餐

　　一位老人从东欧来到美国，在曼哈顿的一间餐馆想找点东西
吃，他坐在空无一物的餐桌旁，等着有人拿餐盘来为他点菜。

　　但是没有人来，他等了很久，直到他看到有一个女人端着满
满的一盘食物过来坐在他的对面。

老人问女人怎么没有侍者，女人告诉他这是一家自助餐馆。果然，老人看见有许多食物陈列在台子上排成长长的一行。"从一头开始你挨个地拣你喜欢吃的菜，等你拣完到另一头，他们会告诉你该付多少钱。"女人告诉他。

老人说，从此他知道了在美国做事的法则："在这里，人生就是一顿自助餐。只要你愿意付费，你想要什么都可以，你可以获得成功。但如果你只是一味地等着别人把它拿给你，你将永远也成功不了。你必须站起身来，自己去拿。"

小故事大改变

人生是一顿自助餐，说得多好啊！自助，就意味着你要靠自己，要主动出击，寻找机会。成功固然需要机遇，但是幸运女神不会垂青于守株待兔的人。

快乐靠自己寻找，烦恼靠自己扫除，心灵靠自己主宰，生活靠自己调理，心境靠自己营造，成功靠自己奋斗。如果只是一味"等、靠、要"，无疑是坐以待毙。

行动是实现梦想的唯一途径

有一位名叫西尔维亚的美国女孩，她的父亲是波士顿有名的整形外科医生，母亲在一家声誉很高的大学担任教授。她的家庭对她有很大的帮助和支持，她完全有机会实现自己的梦想。她从念中学的时候起，就一直梦寐以求想当电视节目主持人。她觉得自己具有这方面的才干，因为每当她和别人相处时，即使是生人也都愿意亲近她并和她长谈。她知道怎样从人家嘴里"掏出心里话"。她的朋友们称她是他们的"亲密的随身精神医生"。她自己常说："只要有人愿给我一次上电视的机会，我相信我一定能成功。"

但是，她为达到这个梦想而做了些什么呢？其实什么也没有！她在等待奇迹出现，希望一下子就当上电视节目主持人。

西尔维亚不切实际地期待着，结果什么奇迹也没有出现。

谁也不会请一个毫无经验的人去担任电视节目主持人。而且节目的主管也没有兴趣跑到外面去搜寻天才，都是别人去找他们。

另一个名叫辛迪的女孩却实现了西尔维亚的梦想，成了著名的电视节目主持人。辛迪之所以会成功，就是因为她知道，"天下没有免费的午餐"，一切成功都要靠自己的努力去争取。她不像西尔维亚那样有可靠的经济来源，所以没有白白地等待机会出现。她白天去做工，晚上在大学的舞台艺术系上夜校。毕业之后，她开始谋职，跑遍了洛杉矶每一个广播电台和电视台。但是，每个地方的经理对她的答复都差不多："不是已经有几年经验的人，我们不会雇用的。"

但是,她不愿意退缩,也没有等待机会,而是走出去寻找机会。她一连几个月仔细阅读广播电视方面的杂志,最后终于看到一则招聘广告:北达科他州有一家很小的电视台招聘一名预报天气的女孩子。

辛迪是加州人,不喜欢北方。但是,有没有阳光,是不是下雨都没有关系,她希望找到一份和电视有关的职业,干什么都行!她抓住这个工作机会,动身到北达科他州。

辛迪在那里工作了两年,最后在洛杉矶的电视台找到了一份工作。又过了五年,她终于得到提升,成为她梦想已久的节目主持人。

为什么西尔维亚失败了,而辛迪却如愿以偿呢?

西尔维亚那种失败者的思路和辛迪的成功者的观点正好背道而驰。分歧点就是:西尔维亚在 10 年当中,一直停留在幻想上,坐等机会;而辛迪则是采取行动,最后,终于实现了梦想。

🙂 小故事大改变

只有幻想而不采取行动的人,永远不会成功。行动是实现梦想的唯一途径。

思维的广度决定人生的高度

思维决定成败，人生高度由你决定！一个人如果思维目标一开始就不够高，那他的人生高度亦不会高。

思路决定出路，只有思路有创新，才能使你的行动更出色，你的人生才会更加精彩。你的思维决定你的人生高度。

思考是最瑰丽的花朵

1840 年，有一个叫亨特的法国青年爱上了一个中产阶级家庭的姑娘玛格丽特。他诚恳地上门求婚，请求玛格丽特的父亲把女儿嫁给他。

但是，玛格丽特的父亲不想把自己的女儿嫁给这个穷小子，于是答复他说："如果你在十天内能够赚到 1000 美元，我就同意你们两人的婚事。"

亨特回家后，陷入了深深的苦闷中，1000 美元对于他来说简直是个天文数字。为了钟爱的玛格丽特，也为了争一口气，让玛格丽特的父亲不再小看自己，他冥思苦想，决定搞一个发明创造，然后将专利卖掉，尽快在十天内赚到这 1000 美元。

但是究竟设计什么呢？亨特废寝忘食地寻找目标，并绞尽脑汁去尝试。爱情和自尊的力量使他很快选准了目标：人们在欢庆的场合，都习惯用大头针在衣服的前襟上别一朵花。可是大头针很不安全，经常把人的手或是身体扎破，有时还会自己脱落。于是，亨特产生了灵感："如果将铁丝多折几道，再把口做成可以封住的，不就有了既方便又安全的戴花别针了吗？"他剪下两米左右的铁丝试做，反复试验，终于设计出了现在使用的曲别针的雏形。大功告成之后，亨特飞奔到专利局，申请了专利。

很快，一个消息灵通的制造商问亨特："你这个发明专利要多少钱？"

亨特一心只想把玛格丽特娶到手，便毫不犹豫地回答："1000美元。"

一拍即合，制造商当场就和他达成交易。

亨特拿着1000美元的支票跑到了玛格丽特家。玛格丽特的父亲听完亨特讲述的赚钱经过后，先是笑了一下，随即骂道："你这个笨蛋！"原来他是嫌亨特太老实、太性急，因为这样的发明至少能值10万美元以上。但亨特还是用曲别针敲开了紧闭着的求婚之门，最终被获准和自己心爱的人成婚。

在结婚庆典上，朋友们请亨特说一说求婚的体会。他说出了赢得热烈掌声并使岳父刮目相看的话："这个世界对于善于思考的人来说是喜剧，对于不善思考的人是悲剧。只有善于思考的人，才是力大无比的人。地球上最神奇、最瑰丽的花朵，就是思考。"

小故事大改变

正确的思维是正确行动的前提，只有良好的动机未必有良好的效果。人生只有勤劳是不够的，蚂蚁也是勤劳的。重要的是要有思维的力量。推动人生航船的不是帆，而是看不见的风。所以，我们要学会利用风。良好的思维心态对人的成功很重要，对于成功者来说，只要下决心得到，就一定会得到。

迷宫里的精灵老鼠

有一只老鼠跑迷宫去找干酪，它跑这条通道，转过弯，越过这个障碍，"什么，没干酪？好。我要定了那块干酪。我闻得到它就在某处。"

这只老鼠于是选择另一条通道，转另外几个弯，越过另几个障碍，直到找到干酪。它那些抉择没有一项是错的，各项抉择都只是一个教训，说干酪不在那儿。

老鼠一旦知道干酪不在一个地方，它就走开，有时倒退寻到干酪之路。这老鼠从不休止，也不停止选择，它选择找到干酪为止。

实验室里，有个现象称为"精灵的老鼠"。进迷宫的第一天，精灵的老鼠很快就找到干酪。第二天，精灵的老鼠直奔昨天放干酪的地点。发现干酪不在原处，它四处张望，显然在纳闷："干酪'应该'在此呀。哪儿去了？"老鼠上看下看、四面八方看，怪道："这迷宫今天怎么了，到底……"老鼠于是坐下来，等干酪出现——时候显然不早了嘛——一直等到饿死。同时，干酪就

在隔条通道上。只要多做选择——以及少做一项决定——这老鼠
就会得到它要的东西。

　　我们经常变成精灵的老鼠，经由试错，我们找到一条使我们
相当接近目标的路。然后，我们"决定"了："就是这条路。"

　　一个法子如果没用，聪明一点，放掉它，无论它过去多么有
用。我们必须再选择。又不通的话，咧一下嘴，说，"哦，好吧。"
然后继续作下一个选择——另一个方法。

小故事大改变

　　有人一心求赢而不一心求输——赢的意思是到达"目标"，
不是以我们"认为"我们应该用的法子去到达目标——他们不把
"输"视同"失"。输的结果只是又一个教训而已。

　　如果你发现自己错了，就要立即重新开始，不能在错误上一
再拖延，那样只能让你得不偿失。

成功者·拉尼和失败者·拉尼

　　20世纪50年代，罗伯特·拉尼住在纽约黑人聚居的哈莱姆区。
1958年，当罗伯特的第7个儿子降生后，他高兴地为儿子取名叫
"成功者·拉尼"，希望儿子今后事事顺利。两年后，妻子又为

罗伯特生下了第 8 个儿子。此时，罗伯特很厌烦给子女取名字，就随口为这个儿子取名为"失败者·拉尼"！

失败者·拉尼出生后不久，父亲罗伯特就去世了。然而罗伯特做梦也没有想到的是，两个儿子的人生轨迹恰好和他们的名字相反——尽管拉尼兄弟两人在相同的环境中长大，失败者·拉尼从小处处成功，成功者·拉尼却处处失败！

失败者·拉尼在学校里因为成绩优异，成了一名明星学生和体育尖子，顺利地拿到奖学金，并考上了宾夕法尼亚州名牌大学拉费耶特学院。大学毕业后，他又加入了军队，成为一名高级军官。如今，失败者·拉尼是纽约南布朗克斯区的一名侦探，事业有成。

然而，成功者·拉尼的人生完全是另一条道路。据悉，他至少有 31 次被逮捕的记录，2002 年，他甚至因盗窃汽车而被判监禁两年。如今，49 岁的他住在纽约平民区的一个流浪者收容所中。

当别人问起失败者·拉尼为什么成功时，失败者·拉尼总是回答说："我的名字失败者·拉尼，为了避免在做事时真的出现失败问题，我总是进行认真的思考，有时还要向别人请教，这使我真的避免了失败。而我的哥哥成功者·拉尼做事时却总是不会思考，因此他所选择的道路就总是充满了挫败。名字并不能决定命运。我也一度恨透了这个坏名字。也许正是这个原因激发了我的斗志，我只有处处比别人做得好，才能获得别人的认可。"

不对人生道路加以思索，就会陷于为所欲为的境地，就像成功者·拉尼一样，虽然名字叫成功者·拉尼，不会思考却只能让他总是做错事，甚至成为一名罪人。

小故事大改变

无论你从事何种工作，或是从事何种选择，都不要忽视了思考的力量。思考会提高你的经验和收获。思考有助于你的成功。人类无数创造的产生便是人类思考的结晶。《孙子兵法》说："运筹帷幄之中，决胜千里之外。"可见我们要想最终取得胜利，一定要运筹帷幄，也就是说选择在努力的前面，选择不对，努力白费。

思考是很重要的。记住：伟大的成功来自于伟大的思考。

寿险营销黑马的诞生

他是一位只有小学文化的青年，家住邵阳偏远山村，家境十分贫寒。为给身患喉癌的父亲治病，欠下十四万元的债，更使他陷入极度贫穷。

为还债，为摆脱贫穷，他走上了寿险推销的路。开始，只在街上摆了一张咨询台，逢人便进行保险宣传，结果一天下来，没有一个客户。接下来，上门拜访，结果7天下来，只赚到3.7元，还是好心的房东打发他的。最后是疯狂地发送名片，结果名片被人丢在走道、垃圾桶甚至卫生间。

不断的拒绝和失败，他开始思考：为什么会丢弃我的名片？如果我的名片有特色，别人喜欢肯定不会丢掉了。于是他精心设计名片：把名片过塑，在里面放上5角钱，作为别人给他打电话的话费。这一招果然灵，在最初送出去的100张名片中，他签下了33份保单。成功的原因是，客户认为他很用心，这是一个靠得住的业务员。

从这以后，他就观察客户的喜好。比如有人喜欢观音护身符，他就制作带观音护身符的名片；做生意的人喜欢财神护身符，他就制作带财神护身符的名片；上了年纪的人非常爱戴毛主席，他就把毛主席的诗词过塑在名片上。这种特殊的名片让他很快成为一位受欢迎的优秀营销员。

在平时的营销工作中，他十分注意琢磨营销技巧、设计营销方案，并一一记下来。2003年6月，他的专著《寿险营销黑马》由吉林科技出版社出版，并被指定为寿险营销员的特殊教材。他成为目前中国大陆数千万推销员中唯一出版专著的在职高级主管。

小故事大改变

创造性的想象力是个人成功的基本属性。创新者总是以自己独特的思维，为世界增加新的财富。他们"不是躲在别人的影子里，使自己的头脑成为别人思想的跑马场，而是让自己的思想到别人头脑中去散步"。你不一定会成为爱迪生、莎士比亚或爱因斯坦，但你是人，你应该有捕捉信息的能力。想象就是意像在心灵中的发展。如果你每天能够在自己的心中建立良好的、健康的、成功的意像，你就会建立一个超群出众的自我形象。

绞尽脑汁的"一滴"

有一名青年，在美国某石油公司工作。他的学历不高，也没什么特别的技术。他在公司做的工作，连小孩都能胜任，就是巡视并确认石油罐盖有没有自动焊接好。

石油罐在输送带上移动至旋转台上，焊接剂便自动滴下，沿着盖子回转一圈，作业就算结束。他每天如此，反复好几百次地注视这种作业。

没几天，他便开始对这项工作厌烦了，他很想改行，但又找不到其他工作。他想，要使这项工作有所突破，就必须自己找些事做。因此，他更集中精神观察这焊接工作。

他发现罐子旋转一次，焊接剂滴落39滴，焊接工作便结束。他努力思考：在这一连串的工作中，有没有什么可以改善的地方呢？

一次，他突然想：如果能将焊接剂减少一两滴，是不是能够节省成本？

于是，他经过一番研究，终于研制出"37滴型"焊接机。但是，利用这种机器焊接出来的石油罐，偶尔会漏油，并不实用。他并不灰心，又研制出"38滴型"焊接机。这次的发明非常完美，公司给予了很高的评价。不久，公司便委托制造商生产出这种机器，改用新的焊接方式。

虽然节省的只是一滴焊接剂，但"一滴"却替公司带来了每年5亿美元的新利润。

这名青年，就是后来掌握全美制油业95%实权的石油大王——约翰·洛克菲勒。

"改良焊接剂"改变了洛克菲勒的人生。他成功的关键在于：普通人往往会忽略的平凡小事，他却特别注意。

小故事大改变

不管是谁，想要突破现状，先要考虑的是："我想做什么事？"或是"我想成为什么样的人？"有了这种强烈的目的意识，你才会集中精力，并调动过去积累的知识和经验，在有意或无意中在所关注的事情上有所突破。

智者千虑，必有一失

一个心理学教授到疯人院考察，想了解疯子的生活状态。一天下来，他便觉得这些人疯疯癫癫，行事出人意料，不可思议。

在准备返回时，他发现自己的车胎被人下掉了。"一定是哪个疯子干的！"教授一边愤愤地想，一边动手拿备胎准备装上。

没想到，下车胎的人居然将螺丝也都下了，教授大为恼怒。正在他一筹莫展、着急万分的时候，一个疯子蹦蹦跳跳地过来，嘴里哼着不知名的歌曲，他发现了满面愁容的教授，便停下来问他发生了什么事。教授虽然懒得理他，但出于礼貌还是告诉了他。

谁知疯子竟哈哈大笑说："我有办法！"只见他从每个胎上面下了一个螺丝，并用这三个螺丝将备胎装了上去。

教授感激之余，大为惊奇："请问你是怎么想到这个办法的？"

疯子嘻嘻哈哈地笑道："我是疯子，可我不是呆子啊！"

小故事大改变

一个教授在遇到紧急困难的时候，解决问题的能力居然不如一个疯子，这确实是让人哭笑不得的。"智者千虑，必有一失"，再聪明的人都有糊涂的时候，所以，请千万不要看轻那愚钝之人的智慧，有时，它会带给我们意外的惊喜。

"轻信"的牺牲品

一个人要穿过一片沼泽地，因为没有路，便试探着走。虽然很艰险，但他左跨右跳，竟也能走出一段，可好景不长，没走多远，便一不小心一脚踏空，沉了下去。

又有一个人也要穿过沼泽地，他看到前人的脚印，心想：这一定是有人走过，沿着别人的脚印走一定不会有错。于是用脚试着踏去，开始觉得实实在在，但最后也一脚踏空沉入了烂泥。

又有一个要穿过沼泽地的人，他看着前面两人的脚印，想都未想沿着走了下去，当然他的命运也是可想而知的。

已经不知道是第几个人了……

他看着前面众人的脚印，心想：这必定是一条通往沼泽地彼端的大道。看，已经有这么多人走了过去，沿此走下去一定没错，于是大踏步地走去，最后他也沉入了烂泥。

因为一个人留下的错误讯息，便有了后面的一个又一个前仆后继的"殉难者"，他们是"轻信"的牺牲品。

小故事大改变

假如有人对前人的脚印产生过一点点怀疑，假如有人注意到所有的脚印都是有去无回，那么结果也许会好些。只可惜，人们太缺少怀疑精神了，人们太懒于思考了，于是悲剧一次次地发生。

因此，我们不要轻信经验和盲从权威，要以质疑的精神和态度看待问题，这样才能少走弯路，避免失误。质疑精神是驶向真理的航船，是引你走向成功之路的明灯。

"尿"出来的啤酒

很多外国的啤酒商都发现，要想打开比利时首都布鲁塞尔的市场非常难。于是就有人向畅销比利时国内的某名牌酒厂家取经。这家叫"哈罗"的啤酒厂位于布鲁塞尔东郊，无论是厂房建筑还是车间生产设备都没有很特别的地方。但该厂的销售总监林达是轰动欧洲的策划人员，由他策划的啤酒文化节曾经在欧洲多个国家盛行。

当有人问林达是怎么做"哈罗"啤酒的销售时，他显得非常得意而自信。林达说，自己和哈罗啤酒的成长经历一样，从默默无闻开始到轰动半个世界。

林达刚到这个厂时是个还不满二十五岁的小伙子，那时候他有些担心自己会找不到女朋友，因为他相貌平平且又贫穷。但他还是看上厂里一个很优秀的女孩，当他在情人节给她偷偷献花时，那个女孩伤害了他说：我不会看上一个像你这样普通的男人。于是林达决定做些不普通的事情，但什么是不普通的事情呢？林达还没有仔细想过。

那时的哈罗啤酒厂正一年一年地减产，因为销售的不景气而没有钱在电视或者报纸上做广告，这样开始恶性循环。做销售员的林达多次建议厂长到电视台做一次演讲或者广告，都被厂长拒绝。林达决定做自己"想要做的事情"，于是他贷款承包了厂里的销售工作，正当他为怎样去做一个最省钱的广告而发愁时，他徘徊到了布鲁塞尔市中心的于连广场。这天正是感恩节，虽然已是深夜了，广场上还有很多欢快的人们，广场中心撒尿的男孩铜像就是因挽救城市而闻名于世小英雄于连的铜像。

当然铜像撒出的"尿"是自来水。广场上一群调皮的孩子用自己喝空的矿泉水瓶子去接铜像里"尿"出的自来水来泼洒对方，他们的调皮启发了林达的灵感。

第二天，路过广场的人们发现于连的尿变成了色泽金黄、泡沫泛起的"哈罗"啤酒。铜像旁边的大广告牌子上写着哈罗啤酒免费品尝的字样。这样一传十、十传百，全市老百姓都从家里拿自己的瓶子、杯子排成长队去接啤酒喝。电视台、报纸、广播电台争相报道，不花一分钱林达把哈罗啤酒的广告成功地做上了电视和报纸。该年度的啤酒销售产量是往年的 1.8 倍。

林达成了闻名布鲁塞尔的销售专家，这就是他的经验：做别人没有做过的事情。

➿ 小故事大改变

因循守旧，永远走不出新路子。勇于突破，大胆创新，做别人没做过的事，才能开辟新的前景，赢得新的机遇。独辟蹊径，永远做别人没有做过的事情，就会得到竞争的制高点，成为遥遥领先的优胜者。

做别人没做过的事情，除了自己需有过人的敏锐外，更需要一种执著与勇气，否则，你只有干想的份了。

剪开自己的思维

这是一种并不新鲜的智力游戏，也有人叫它脑筋急转弯。但我依然愿意用它来考考儿子："一个桌子四个角，砍去一个还有几个？"

"三个。"儿子不假思索地回答未出我的意料。固然，七岁的儿子并不明了成人世界里这种游戏的狡猾所在，他为了显示自己的实力，脱口而出并且自信满怀。

"真的吗？呵呵……"我在一旁得意地大笑："不对，应该是五个。"

说实话，这种题目，大人们玩儿得多了，纯属小儿科，也只能哄哄孩子而已。但是幼稚的孩子却不知道，四角桌子砍去一角，不仅不能用减法，反而要用加法呢。

儿子显然无法接受，他稍作沉思，坚定地用他的数学原理对我给出的答案表示疑义："四减一就是等于三！"

我早有准备，随手拿来一张正方形的纸片，用剪刀"咔嚓"剪去一角，向儿子循循善诱："假设这就是一张桌子，去了一角，你数数还有几个角？"

儿子不笨，马上明白过来，也咧开嘴哈哈大笑几声："是五个。可是，我干嘛要这样剪！"

说着，他从我手中夺过剪刀和"桌子"，只见他沿着那"桌子"的对角线一剪下去，扬着手中的二分之一，不无得意地问我："这，不是三个角吗？"

那一刻我哑口无言。

的确，还剩三个角，而且是个标准的等腰直角三角形。成人世界中预设的情景和答案一下就被小学一年级的儿子所击破，我一时感到有些羞愧，给儿子出题呢，不料反被他将了一军。不过，我也从儿子的答案中受到启发，立刻装出一副胸有成竹的样子将计就计，以掩饰自己的尴尬："想想看，还有没有其他可能性呢？"

他歪着脑袋用手中的剪刀在另一张纸上比画了半天，说："也会剩下四个角。"是的，儿子又找到了一种答案，这与我刚刚受他启发得出的答案一致。那就是：沿桌面一边除两个端点以外的任何部分向着另外两边的任一交汇点剪切，则依然会得到一个四个角的桌面。

小故事大改变

真是实践出真知。很多时候，我们习惯于按照常规思维模式设置问题和寻找答案，却很少或根本不愿换位思考，更不用说时时处处在实践中检验我们的判断了。正如这"砍桌角"的游戏，长久以来我们只是沉溺于常规思维的，别人告诉我们，四个桌角砍去一个还有五个，我们就说还剩五个，却疏于身体力行地实验和思索，当然就无法发现更多的可能性。而真理往往就这样与我们擦肩而过。什么时候，当我们真正勤于和敢于实践了，我们的思想才可能真正得到解放——也许，这才是这个游戏带给我们的标准答案。

比别人多想一点、两点……

有一个关于曲别针的用途的故事：

在一次有许多中外学者参加的旨在开发创造力的研讨会上，日本一位创造力研究专家应邀出席了这次活动。

在这些创造思维能力很强的学者同仁面前，风度潇洒的村上幸雄先生捧来一把曲别针（回形针）："请诸位朋友，动一动脑筋，打破框框，看谁说出这些曲别针的用途，看谁创造性思维开发得好，多而奇特！"

不久来自河南、四川、贵州的一些代表踊跃回答着。"曲别针可以别相片；可以用来夹稿件、讲义。""纽扣掉了，可以用曲别针临时钩起……"七嘴八舌，大约说了二十几分钟，其中较奇特的是把曲别针磨成鱼钩去钓鱼，大家一阵大笑。

村上对大家在不长时间讲出好几十种曲别针的用途很称道。人们问："村上您能讲多少种？"

村上莞尔一笑，伸出三个指头。

"三十种？"

村上摇头。

"三百种？"

村上点头。人们惊异。不由地佩服这个聪慧敏捷的思维。众人都拭目以待。

村上紧了紧领带，扫视了一眼台下那些透着不信任的眼神，用幻灯片映出了曲别针的用途……

这时中国的一位以"思维魔王"著称的怪才许国泰先生向台上递了一张纸条，人们对此十分惊奇。

"对于曲别针用途，我能说出三千种，三万种！"

邻座对他侧目："吹牛不上税，真狂！"

第二天上午十一点，他"揭榜应战"，轻松地走上讲台，走上了讲台，他拿着一支粉笔，在黑板上写了一行字：村上幸雄曲别针用途求解。

原先不以为然的听众被吸引过来了。

"昨天，大家和村上讲的用途可用四个字概括，这就是钩、挂、别、联。要启发思路，使思维突破这四种格局，最好的办法是借助于简单的形式思维工具——信息标与信息反应场。"

他把曲别针的总体信息分解成重量、体积、长度、截面、弹性、直线、银白色等十多个要素。再把这些要素，用根标线连接起来，形成无数条信息连线。然后，再把与曲别针有关的人类实践活动要素进行综合分析，连成信息标，最后形成信息反应场。

这时，借助于现代思维之光，超常思维射入了这枚平常的曲别针，马上变成了孙悟空手中的金箍棒，神奇变幻而富于哲理。

他从容地将信息反应场的坐标，不停地组切交合。

通过两轴推出一系列曲别针在教学中的用途，把曲别针分别做成阿拉伯数字。再做成 +-×÷ 的符号，用来进行四则运算，运算出数量，就有一千万、一万万……

曲别针可做成英、俄、希腊等外文字，用来进行拼写读取。

曲别针可以与盐酸反应生成氢气，可以用曲别针做指南针。

曲别针是铁元素构成，铁与铜化合是青铜，铁与不同比例几十种金属元素分别化合，生成的化合物则是成千上万种……实际上，曲别针的用途，几乎近于无穷！

他在台上讲着，台下一片寂静。与会的人们被思维"魔球"深深地吸引着。驰名中外的科学家温元凯高兴地说："高明，简直是点金术。"

此时，再也没有人说曲别针有三千种、三万种用途是吹牛，而是对这种新的开发思路感到了新奇，普遍陷入打破了原有的思维格局的沉思……

小故事大改变

这是一个开发创造性思维的小游戏，这个游戏的规则就是以"曲别针"为对象打开想象的闸门，绞尽脑汁地去想象曲别针到底有多少种用途。每人至少要想象出五十种以上。做完这个游戏后，我们会感到很有趣味，但同时也很感疲劳，这就是我们创维性思维潜能得到开发的结果。

让自己比别人多想一点、两点、三点……让自己的思维与众不同，也许我们想出来的就是一个无与伦比的好点子！很显然，如果人的思维开阔，会从多角度去思考问题，就很容易找到解决问题的有效途径。

不在错误的方向上折腾

君君和茸茸是两只可爱的小蚂蚁，它们都想翻越前面的一堵墙，去寻找墙那边美味的食物。这段墙长有百米，高有近二十米，不过每隔十米就有一个小通道。

君君有着强壮的身躯，它一来到墙前就想："我有的是力气，一鼓作气翻越过去，便会得到可口的食物。"于是便毫不犹豫地向上爬去，辛苦地，努力地……可是每当它爬到大半时，就会由于劳累、疲倦等原因跌落下来。可是它不气馁，它相信只要有付出就会有回报，一次次跌下来，它就又迅速地调整一下自己，重新向上爬去……

茸茸呢，虽然身子骨纤弱些，但是它在蚂蚁中以善于思考著称，它仔细观察了一下整个墙体，终于发现了这堵墙的秘密，于是决定穿过通道。很快地，茸茸穿过这堵墙来到了食物面前，开始享用起来；而"勇敢坚定"的君君呢？还在不停地跌落下去又重新开始……

我们中的很多人并不是因为懒惰而失败，而是如蚂蚁君君，是因为选错了方向，缘木求鱼，南辕北辙，而浪费了宝贵的时间，丧失了难得的机会。

🙂小故事大改变

在错误的航线上奋斗，有坚强的意志、不懈的努力，也是无济于事的。在人生的海洋中，我们都是赤裸裸的泅渡者。只有不断地修正航向，在正确的航向指导下才能抵达生命的彼岸。除此之外我们别无选择。

砸开思维定势的锁链

两个儿子大了，富翁老了。这些日子富翁一直在苦苦思索，到底让哪个儿子继承遗产？富翁百思不得其解。想起自己白手起家的青年时代，他忽然灵机一动，找到了考验他们的好办法。

富翁锁上宅门，把两个儿子带到一百里外的一座城市里，然后给他们出了个难题，谁答得好，就让谁继承遗产。他交给他们一人一串钥匙、一匹快马，看他们谁先回到家，并把宅门打开。

马跑得飞快，所以兄弟两个几乎是同时回到家的。但是面对紧锁的大门，两个人都犯愁了。

哥哥左试右试，苦于无法从那一大串钥匙中找到最合适的那把；弟弟呢，则苦于没有钥匙，因为他刚才光顾了赶路，钥匙不知什么时候掉在了路上。

两个人急得满头大汗。突然，弟弟一拍脑门，有了办法，他找来一块石头，几下子就把锁砸了，他顺利地进去了。

自然，继承权落在了弟弟手里。

在命运的关键时刻，人最需要的不是墨守成规的钥匙，而是一块砸碎障碍的石头！

〜小故事大改变

我们通常都会犯同一个错误——在同一面墙上撞来撞去，直到撞得头破血流。从相反的角度去观察我们所要解决的问题，我们也许会找到想要的答案。

没有一成不变的事物，也没有放之四海而皆准的真理，必须变化地去看事物。抱着旧观念、旧框框去看待新情况，必然是行不通的。在取舍、肯否之间很容易形成"定而不移"之势。唯一可行的解除定势的办法，就是极大地开阔我们的视野，改变我们既有的思维方式，时刻警惕陷入"经验"中去。

智慧的思考，卓越的人生

1987 年，山西小城阳泉 19 岁的李彦宏非常喜爱计算机，但他高考的第一志愿却不是北大计算机系，而是信息管理系，因为他考虑到：将来，计算机肯定应用广泛，单纯地学计算机恐怕不如把计算机和某项应用结合起来有前途。北大的四年他学会了独立思考。1991 年北大毕业后，李彦宏接到布法罗纽约州立大学的入学通知。在读研期间，导师的一句话给李彦宏留下深刻印象，"搜索引擎技术是互联网一项最基本的功能，应当有辉煌的未来"。1992 年，互联网在美国也还处于起步阶段，但李彦宏却发现，这是一个具有无限生命力的技术革命。于是他开始了自己的行动——从专攻计算机转回来，开始钻研信息检索技术，并从此认准了搜索。

然后在松下研究所实习，工业界的鲜活让李彦宏放弃了攻读博士学位的机会，进入华尔街实习时，李彦宏发现了一个有知识的人如何利用知识发财致富，"在泡时间读硕士博士当教授之外，另有一条明亮的成功途径"。他意识到华尔街最有前途的是金融家而不是计算机天才，而自己，热爱和长处只在计算机，于是，他来到硅谷当时最成功的搜索技术公司信息之窗。在这里，李彦宏见识了一个每天支持上千万流量的大型工业界信息系统是怎样工作的，并写成了第二代搜索引擎程序。

从 1996 年开始李彦宏就利用每年回国的机会，考察高科技公司在做什么，大学里在研究什么，老百姓的电脑在干什么。到了 1999 年国庆，他发现大家的名片上开始印 e-mail 地址了，街上有人穿印着 ".com" 的 T 恤了，因此他断定：互联网在中国成熟了，大环境可以了。1999 年，一切准备就绪的李彦宏和徐勇回国创建了百度，一年后百度成为全球最大的中文搜索引擎技术公司。目前，百度的竞价排名客户达数十万余家。根据 2003 年的美国调查机构统计，"百度"已成为全球第二大独立搜索引擎商，在中文搜索引擎中位居第一。据美国著名科技类刊物《时代周刊》评出的"影响全球 IT 的 100 人"，仅有 4 名非欧美裔的 IT 名人获奖，而百度创始人李彦宏则成为唯一一位被美刊认为能"影响全球"的中国 IT 人。李彦宏获得了巨大的成功。

小故事大改变

李彦宏所走的每一步都充满了智慧的思考，从发现单纯学习计算机并非有光明的前途到建立百度搜索引擎公司，每一次商机的发现，都是经历了缜密思考的过程。这也启示我们，凡是生活中一切美的发现都是思考的结果，意识到问题的存在是思维的起点，没有问题的思维是肤浅的思维、被动的思维、无所作为的思维，发现问题的思维才能最终带来成功的飞越。

低处修心做自己，高处容人做事情

　　山不解释自己的高度，并不影响它的耸立云端；海不解释自己的深度，并不影响它容纳百川；地不解释自己的厚度，但没有谁能取代她作为万物的地位……

　　低调是智慧，谦虚是美德。古来万事无不成于低调和谦虚，败于张扬和骄狂。

无花果树和榆树

一棵无花果树的枝头上挂满了青青的果子。不久，无花果树发现，一棵大树挡住了它的阳光，树上一个果子也没有。"你是谁？敢把我的阳光夺走！"

那棵树回答："我是一棵老榆树。"无花果树说："你连一个果子都不会结，还站在我的面前，不感到害羞吗？你走着瞧吧，等我的青果子成熟以后，每一个孩子都会变成一棵大树，组成一片茂密的森林，把你团团围住！"

无花果一天一天地成熟了。不久，一队士兵从这儿经过，发现了果实累累的无花果树，便立刻爬上去摘果子。结果树枝被踩断了，树叶被弄掉了，所有的无花果一个也不剩，全被采光了。可怜的无花果树只剩下了一根光秃秃的树干。榆树感慨万千，它十分同情地对无花果树说："啊，无花果树呀，如果你不会结果，也不会变成今天这副可怜的模样啊！"

无花果是植物中的佼佼者，它可以结出鲜美可口的果实供人食用，为人造福。然而也正是因为如此，它成了人类贪欲的牺牲品。

相反，老榆树因为平凡，因为默默无闻，才得以保存自己的生命，从而四季长青。

小故事大改变

过于显露自己的才能，做人太过招摇，会给自己带来麻烦甚至祸患。做人不可过于炫耀自己，应当适时放低姿态，这样反而更易取得成功。

爬得慢，却轰动了全世界

兔子觉得自己跑得快，所以就嘲笑蜗牛："蜗牛兄，无论是在寓言里，还是在现实生活中，你都不能不承认自己是慢的典型吧？"

"噢？"蜗牛的语气里充满了不满，"不用说，你们兔子是快的典型咯？可是你们快，怎么输给了乌龟？我们爬得慢，却轰动了全世界！"

兔子脸红了，它越想越气，眼珠一咕噜，当即反击："关于我们和乌龟赛跑的事儿，只能说明我们骄傲，绝不是说我们就真的跑不过乌龟。至于说你们爬得慢轰动全世界，也许是我孤陋寡闻吧，怎么从来没听说过呢？"

"你没听说的事儿多着呢！"蜗牛毫不示弱，"索性今天说给你听听，也让你长点见识。听着！在大英博物馆里，有我们两个兄弟在当标本，它们被牢牢地粘在木板上，整整四年。四年中，它们没吃一点儿东西，没喝一点儿水，无论是观众，还是博物馆的工作人员，都认为它们肯定死了。可是，四年以后，当粘住它们的胶水松动了，我们的兄弟却慢慢地爬了起来。就这慢慢一爬，立刻轰动了全世界！就像当年你们输给了乌龟轰动全世界一样。"蜗牛始终没忘了讽刺兔子。

"这是真的吗？"兔子确实有些吃惊了。四年不吃东西不喝水还活着？对于兔子来说，四天不吃东西不喝水也不行啊，四年，恐怕连骨头都找不到了。

"我们蜗牛行动是慢的，但说话是结结实实的，我以名誉担保，没说半句谎言。这事都记载在人类写的书上了，你白长了一副长耳朵，连这事儿都没听说，这可真是货真价实的孤陋寡闻啊！"

🍌 小故事大改变

兔子一心想嘲笑别人，却落得个被人嘲弄的下场。任何人都有缺点，所以做人一定要厚道，挖苦别人的后果便是自己陷入尴尬的局面。

人需要包装但不能伪装

世界上最大的香皂制造商之一莫利威·皮托公司董事长赖托尔，年轻时是一位微不足道的推销员。

这位立志要成为财界大人物的小伙子，每当推销失败之后，不一会儿又会回到拒他于千里之外的店铺，讨教他进店时的动作以及言词、态度等有什么不妥之处，恳请传授成功经验。

这种虚心坦诚求教的精神和淳朴的态度，不仅使他得到了宝贵的忠言和批评，而且被他拜访的商店老板，都很乐意与他建立友谊并成为他的新主顾。

两年后，他升任销售部主任。五年后他与朋友合作开办香皂工厂。

赖托尔根据自己的亲身体会，十分注意"员工包装"。

他告诫部下："包装不仅仅是服装，还有讲话，讲话比服装还重要。"他从走路、开门、态度、笑容、礼貌等每一项小细节开始，逐一包装推销员。

经过十几年的努力，他的夙愿终于实现了。

人的包装是一种对内在美和外在美的追求，是让别人更多地了解自己，更直接地发挥自己的一技之长，从而实现自己的人生价值的积极手段；而伪装则是一种把自己的缺点和不良本质掩盖起来的行径，其不可告人的目的就是为了欺骗别人以攫取私利。

小故事大改变

人生的价值，是由人自己决定的。伪装和欺骗也是一样，可能得逞于一时，却不会持久。

天不言自高，海不言自深

已故的北大教授季羡林老先生 90 高龄时，仍然耳聪目明，头脑敏锐，其低调的人生理念影响和教育了一代又一代的北大人。

季羡林老先生治学达半个多世纪，是一位学贯中西、闻名世界的学界泰斗。他在古印度学、数学、中印文化交流研究领域，做出了卓有成效的研究，其许多独到的见解几乎无可匹敌。在中国传统文化、文学理论、语言学、历史学、中国翻译史、比较文学等多个领域，都卓有建树。

但他却从不以名家学者自居，而总是把自己放在一个很低的位置，认为自己在各个领域的研究也只是刚刚深入到皮毛。他多次请求人们摘掉其"国学大师""学界泰斗""国宝"三项桂冠。他在书中昭告天下："三项桂冠一摘，还我轻松在身。身上的泡沫洗掉了，露出了真面目，皆大欢喜。"

他始终认为，真情待人，才能坦诚相待；真实为事，才能有为当世；真切处世，才能心阔坦荡。"三真"延伸出来的是季老那博大的胸怀和深厚的做人情怀。做人"真情、真实、真切"最为难得，这种平实低调的作风，更使他成为仰之弥高的做人榜样。

小故事大改变

天从来不会标榜自己高远，但人们也明了天的高远；地从来没有标榜自己的深厚，但人们也一样明了大地的深厚。

许多成功者在功成名就之前大都保持低姿态做人做事的作风。在成功之后也能保持冷静，用冷静而不忘乎所以的姿势，不应对热闹的世界，很少把宝贵的时间耗费于无谓的吹吹捧捧的活动中，这种做人做事的作风使他们能够很快从成功的喜悦中沉下心来，投入到新一轮的奋斗中。成功并不永恒，低调却可以永恒，这是成功者教给我们的人生哲学之一。

赢得人心的总统

美国经济大萧条斯间，罗斯福总统的经济政策主要由哈里·霍普金斯负责的联邦政府救急署和哈罗德·伊克斯为首的联邦政府公共工程管理局这两个机构负责实施。但是，从一开始，霍普金斯和伊克斯就为职责分工问题发生了冲突。

一次，伊克斯告诉罗斯福，霍普金斯的行动已使得他无法开展工作了。

罗斯福则叫伊克斯不要耍小孩子脾气。"我当时毫不客气地顶了回去，"伊克斯在日记中写道，"昨晚我那样讲话，要不是对罗斯福总统，换个美国总统，我无论如何也不敢。"

不久，在罗斯福主持的全体内阁会议上，罗斯福当众告诫伊克斯，千万不要讲霍普金斯救急署的坏话。"很清楚，总统有意当着全体内阁成员的面，狠狠地敲我一下。"伊克斯后来悲叹道。内阁会议以后，伊克斯想单独见见罗斯福，但劳工部长抢先将剩余时间占光了，伊克斯怒气冲冲地返回自己的办公室，坐下来写了一份辞职报告呈递给总统。

第二天饭后，罗斯福总统用责备的眼神望着他，递给他一个手写的备忘录："亲爱的哈罗德……"友好的称呼之后，总统列举了八条不同意他辞职的理由，总统写道："我对你充满信心；完成公共事业的巨大任务，非你不可：你的辞职我绝不接受，你亲爱的朋友——富兰克林·D.罗斯福。"

这样的备忘录使伊克斯完全消了气，他说道："遇到如此待人的总统，谁也没话说！我当然留下了。"

小故事大改变

在待人处事中，常会出现矛盾和冲突，只要真心处事，真情待人，就一定会赢得人心。

摩根纪念馆里的水晶

香港交通业巨头胡忠年轻时曾向一位商界元老请教经商秘诀，这位元老给他讲了下面这个故事。

有位名叫摩根的普通美国人，请来四五位搬运工帮他搬家。当所有的家当都搬到卡车上时，摩根环顾房内屋外，发现自家花园草坪上还躺着一块巨石，摩根自言自语道："这块石头太妨碍这儿的风景了，谁能把它搬走，哪怕它里面有钻石，我也不要了。"

说者无心，听者有意。几位好心的搬运工于是过来帮忙把巨石抬走，准备用卡车拖到郊外扔掉。也许是石头太重，巨石刚被举到卡车上，就掉下来，摔了个粉碎。奇迹真的发生了，一枚巨大的、散发着紫色光芒的天然水晶露了出来。说到做到的摩根坚决不要水晶，好心的搬运工便把水晶捐献给了纽约博物馆。

于是，历代的人们参观纽约自然历史博物馆时，都能在以说一不二的摩根名字命名的纪念馆里，看到那颗有着特殊意义的水晶。摩根的名字也同坚守诺言联系在一起。

小故事大改变

诱人的诺言一旦说出口，无法兑现时，就是插在别人心窝的针，痛得刻骨铭心。说者无心听者有意，要想事业有成，一定要讲诚信，坚守诺言。

真正的大师风范

一位世界一流的小提琴演奏家在为人指导演奏时，从来不说话。每当学生拉完一曲，他总是要把这一曲再拉一遍，让学生从倾听中得到教诲。"琴声是最好的教育。"他如是说。

一次，他收了一位名不见经传的新生，在拜师仪式上，学生为他演奏了一道短曲。这个学生很有天赋，把这首短曲演奏得出神入化。

学生演奏完毕，这位大师照例拿着琴走上台。但是这一次，他把琴放在肩上，却久久没有奏响。他沉默了很长时间，然后，把琴从肩上又拿了下来，深深地叹了口气，走下了台。

众人惊慌失措，不明白发生了什么事。他微笑着说："你们知道吧，他拉得太好了，我没有资格指导他。最起码在刚才的曲子上，我的琴声对他只能是一种误导。"

全场静默片刻，然后爆发出一阵热烈的掌声。这掌声蕴藏着三个含义：

一是为学生的精湛琴艺；

二是为教师对学生真诚的赞美和尊重；

第三点也是最重要的一点，就是盛名之下的演奏家并没有担心在大庭广众之下褒扬学生的高超会无形中降低自己的威信。他在拥有一流琴艺和一流师名的同时，也拥有磊落的胸怀和可贵的谦逊。

仅此一点，足以被称为大师。

🌙小故事大改变

承认自己的不足往往更能赢得他人的尊重。磊落的胸怀是快乐生活的资本。

追求真正的学问

在20世纪30年代的清华园，学生时代的钱锺书就立志要"横扫清华图书"，即把清华大学图书馆130多万册藏书从A字第一号开始通览一遍，有的还要作批注；他上课从来不作笔记，还浏览其他书刊，可是一到考试，只要略加复习，他便可考出优异成绩。

钱锺书在清华读书4年，共读了33门课程，29门必修，4

门选修，包括英文、法文、伦理学、西洋通史、古代文学、戏剧、文学批评、莎士比亚、拉丁文、文字学、美术史等，除第一学年体育和军训术科(第二学年以后这两门课获准免修)吃了"当头棒"外，其余绝大都分都是优秀。

钱锺书的成绩，当时在文学院和全校都是罕见的。

直到钱锺书先生去世前，他一直在孜孜不倦地读书，乐此不疲。

虽然钱锺书先生一生孜孜不倦地读书，但他不主张做"书呆子"，而是强调追求真正的学问。他说：学问不等于书本上的知识。一个人的能力、成就和他的文化程度没有直接的关系。

可以说，钱锺书先生毕生都在追求真正的学问。他的《管锥篇》一书，囊括了古今中外近4000位著名作家的上万种著作中的数万条资料，内容几乎广及所有的社会、人文科学。对众多学科的知识进行比较、评说，再做出结论。这是一部充满人生感悟和洞察的书。它谈愚民、谈酷吏、谈艺文、谈方正圆滑、谈世道人心，是一本纵横捭阖、浩浩荡荡的煌煌巨著。

钱先生的真知卓识源于他孜孜不倦、勤勉认真的治学态度。

小故事大改变

学问就是知识，知识就是力量。学问像一条川流不息的江河，由浅短、平息涌入深奥、汹涌的大海；学问如一把宝剑，劈开禁锢我们黑暗的牢门；学问像大鹏，携带着我们的思绪翱翔于广阔、蔚蓝的苍穹；学问也像一位博学多才的教师，引领我们由愚昧的世界拓展到知识的新领域、新天地，让我们放飞自己的梦想；学问如一条星光大道，直抵我们蔚蓝的未来；永远不要放弃学问！

我们既要探索知识的学问，也要研究做人的学问，以知识丰富思想，以品格规范言行，立言、立行、立德、立身，让自己一生立于不败之地。

藏起锋芒，稳步前进

春秋时期，楚庄王非常信任才华出众的孙叔敖，先后三次给他极高的权力和丰厚的物质待遇，让他担任出国令尹承担出使别国的重任，孙叔敖尽心尽力，每次都出色完成了出使重任，保护了楚国的利益。然而，位高权重的孙叔敖却深知自己正处于锋尖浪谷中，随时都可能遭受灭顶之灾，于是，他想尽办法隐藏自己的锋芒，极尽可能地向楚庄王推荐其他大臣，使他们都得到相应展示的机会，得到楚庄王的赏识。

楚庄王不解孙叔敖的用意，就问他："难道你嫌我给你的赏赐还少吗？"孙叔敖诚恳地回答说："我的爵位已经够高的了，官位也已经不能再高了，俸禄已经花不完了。如果我还不满足，我就该受到老天爷的惩罚了。我认为，并不是别人的才华比我差，而是庄王您未发现他们罢了。经常是让我承担重任，别人就没有机会了，这样久了，都会对我产生怨恨。所以，我的爵位越高，我的态度就越是谦恭卑顺；官职越大，我就越发小心谨慎用权；俸禄越丰厚，我施给别人的财物就越多。"

楚庄王赞赏他的做法，说："楚国人团结一致，是因为有你这样甘愿当配角的人啊。"

小故事大改变

锋芒太露，就很容易成为耙子，受到攻击，容易脱离大众，变成孤家寡人。没有人会期望别人太耀眼，你太夺目，其他人就会更黯淡无光，就会变得更加自卑。因此，在人生道路上，很有必要学会掩藏自己的才智，给别人留足面子，做人做事的时候更多地顾全到别人的尊严和感受，这样就能获得别人的尊重，更容易地走上成功之路。

低调做人，高调做事

有一位职员，在公司工作不到四个月，就选择了离开。一不是自己的能力达不到，二不是自己沟通处事的能力差，三不是在公司里无用武之地，那究竟是为什么呢？原来他在从事自由研究之余，通过偶然的机会与这家公司的员工接触，发现这位员工在介绍自己公司的产品时，说得有些不明白，于是他就从沟通技巧的角度针对性地提了一些建议。没想到该公司的老板直接打电话邀请他面谈，而后，他意外地进入了这家公司。

　　刚进公司时，老板让他着手解决难题，这就要求不仅要建立一些规则，还要打破一些规则。特别是后来老板任命他主管产品包装，在设计文案时，他发现他的顶头上司——产品总监对他构成很大的阻力，因为他要大刀阔斧修改的原方案就是他设计的。为此他很困惑，是该通过协调沟通争取把事情做好，还是放弃原则投其所好？当感觉阻力越来越大而被迫放弃时，他与上司的关系就显得有些微妙了。最后，他只好选择回避。他没有获得上司的配合与支持，这就为离职埋下了伏笔。

　　总的来看，这位员工在入职时就没有获得有利于他的环境。让自己暴露在一线，在众多的眼球注目下承担关键工作，那么无论你大显身手的结果如何，对自己都不太有利。你做好了，你是个人才，但这样一来就有人患上"红眼病"，以后不与你配合；二来领导因为看中你，安排一些更有挑战性的事情让你做，这对一个还没有完全熟悉环境的人来说，事实上是拔苗助长，好心办了坏事。

🍌 小故事大改变

明代学者吕坤在《呻吟语》中说："气忌盛，心忌满，才忌露。"他这是把心满气盛、卖弄才华视为做人的大忌。那些高看自己小看别人的人常引起别人的反感，最终使自己走到孤立无援的地步，而那些低调而谦逊的人总能赢得更多的朋友，更容易取得成功。

低处修心，高处容人

道尔在美国哈佛大学毕业后，过关斩将地应聘到一家拥有数千名员工的大公司当职员，一干就是一年多，也没有被提拔和重用，整天做着平平淡淡的工作，他时常为此感到懊恼和无奈，甚至多次萌生了辞职的念头。

有一天，道尔像往常一样加完班后很晚才赶回家里，他正准备到地下室去取些吃的东西时，突然停电了。他所在的城区马上陷入了一片黑暗之中。他想去附近的超市买根蜡烛，可是超市也因停电早早关了门。他想起了白天那些高级技师们嘲讽他哈佛毕业也没有被提拔的情景，很烦躁："怎么一天的不顺心事都赶到了一起？"正当他无计可施的时候，他的手无意触动了包里一张当天刚刚收到的音乐贺卡。伴随着美妙悦耳的乐曲，一道道光亮也开始从纸片间伸展出来。他赶紧打开贺卡，发现贺卡上的灯光并不微弱，足以看清身边的东西。他想，为什么不带着它去地下室试一试呢？地下室里更是伸手不见五指，黑得几乎可以把人吞没进去。但有了贺卡的光亮，地下室的黑暗被驱散了，借着炫目的光亮，他很轻松地找到了他要找的食品。这让焦躁的他总算平静了下来。

这件事给了道尔灵感。几天以后，尽管老板再三地挽留他，他还是毫不犹豫地离开了公司，而跳槽到一家只有几十人的小公司中。他开始从市场部最底层的一个小职员做起，把他在大公司所积累的丰富工作经验运用到小公司中去，很快就成了小公司里受老板赏识的人物，不久老板就提升他为项目部主任，后来，又被提拔为项目部经理。然而，他依然没有久留在这个位置上，又从这家小公司跳槽到另一家更适合他的公司，渐渐做到经理的位置。

后来，就是这位道尔，成了一家跨国公司的董事长，他在传记中谦逊地说："我只是一颗微弱的火星，如果我还有什么高明的地方的话，就是我懂得从低处修练自己，把自己放到一个适当而不是高不可攀的位置，使微弱的光更加明亮一些罢了。"

🌙 小故事大改变

从低处做起，是一种不与人争的包容的处世哲学。身在低处，就会"不畏浮云遮望眼",求得身心的宁静。静则能思考,静则能养心,与人相争的欲望也会淡漠下来,从而踏踏实实地做好自己应该做的事,而不再妄想遇上不需付出太多就一步登天的美事。于低处做起,胸怀长远目标,放下眼前争名夺利的欲望,心境就宽广起来,反而给自己找到了走向成功的快捷之路。

无论学识多高,知识多么渊博,职位多么崇高,不张扬,不炫耀,始终保持低调的处世态度,把自己放到一个很低的位置上,是做人的大境界,是低处修心、高处容人的胸襟。

好话千万句,毁于一二言

有一家汽车制造公司准备购买一大批用于车内装潢的布料,参与竞争的有三家纺织品厂商。在做最后决定前,该公司要求三家纺织品厂商各派一名代表于特定日期来该公司进行最后一轮的洽谈。

罗纳森是其中一家纺织品厂商的业务代表,当时正好患了严重的咽喉炎,但这一点却使他最后"因祸得福",获得了成功。他事后回忆当时的情景说:

"我被引进一间会议室,面对的是那家公司的多位高级主管,诸如丝织品工程师、采购经纪人、业务经理及该公司总裁等。我站起身，尽最大努力想讲几句话，却只是徒费力气而已。"

"众人环绕着会议桌而坐，都静静地注视着我。我只好在纸上写道：'诸位先生，我因咽喉炎发不出声来，我没办法讲话。真抱歉！'"

"'我来帮你讲。'该公司总裁说道。于是，他便代我展示样品，并说明那些作品的种种好处。接着大家开始讨论，也都极力称赞我的纺织品的优点。由于那位总裁取代了我的位置，便代替我参加讨论。而我自己唯一能做的，只是微笑、点头或打几个手势而已。"

"这个极其特别的会议，结果是：我得到了那份价值 160 万美元的合同——那是我有生以来争取到的最大订单。"

罗纳森带着庆幸的口气总结说："我知道，如果不是我不能开口说话，我一定得不到那份订单，因为我对整个事情的估计完全错误。经过这次经验，我发现多让别人开口讲话，实在有极大的好处。"

🍌小故事大改变

在很多场合，都会出现"好话千万句，毁于一二言"的悲剧。为了不使自己因多言而产生负面效果，就必须在嘴巴上"安个把门的"。说话时，一定要保持清醒的头脑，尤其当自己对周围环境不太了解、对交往对象的情况不太熟悉时，更要遵循"多让别人说话"这句金玉良言。

　　与人相处务必慎言,切忌信口开河、口无遮拦,更不要夸夸其谈、没话找话。要知道,说出去的话就像泼出去的水,是收不回来的,唯有慎言才能无悔。

|第七辑|
你的人脉决定你的层次

在好莱坞，流行一句话：一个人能否成功，不在于你知道什么，而是在于你认识谁。这句话并不是叫人不要培养专业知识，而是强调"人脉是一个人通往财富、成功的入门票"。

你的朋友决定你的圈子，你的人脉决定你的层次。宽广的人脉，可以让你少奋斗 20 年！

人脉为事业带来腾飞的机遇

维克多从父亲的手中接过了一家食品店，这是一家古老的食品店，很早以前就存在而且已出名了。维克多希望它在自己的手中能够发展得更加壮大。

一天晚上，维克多在店里收拾，第二天他将和妻子一起去度假。他准备早早地关上店门，以便做好第二天的准备。突然，他看到店门外站着一个年轻人，面黄肌瘦、衣服褴褛、双眼深陷，典型的一个流浪汉。

维克多是个热心肠的人。他走了出去，对那个年轻人说道："小伙子，有什么需要帮忙的吗？"年轻人略带腼腆地问道："这里是维克多食品店吗？"他说话时带着浓重的墨西哥味。

"是的。"

年轻人更加腼腆了，低着头，小声地说道："我是从墨西哥来找工作的，可是整整两个月了，我仍然没有找到一份合适的工作。我父亲年轻时也来过美国，他告诉我他在你的店里买过东西，喏，就是这顶帽子。"

维克多看见小伙子的头上果然戴着一顶十分破旧的帽子，那个被污渍弄得模模糊糊的"V"字形符号正是他店的标记。"我现在没有钱回家了，也好久没有吃过一顿饱饭了。我想……"年轻人继续说道。

维克多知道了眼前站着的人只不过是多年前一个顾客的儿子。但是，他觉得应该帮助这个小伙子。于是，他把小伙子请进了店内，好好地让他饱餐了一顿，他们成了朋友，他还给了小伙子一笔路费，让他回国。

过了几十年，维克多的食品店生意越来越兴旺，在美国开了许多家分店，他决定向海外扩展，可是由于他海外没有根基，要想从头发展也是很困难的。为此，他一直犹豫不决。正在这时，他突然收到一封从墨西哥来的一封陌生人的信，来信者正是多年前他曾经帮助过的那位流浪青年。

此时，那位当年的小伙子已成了墨西哥一家大公司的总经理，他在信中邀请维克多来墨西哥发展，与他共创事业。这对于维克多来说真是喜出望外。有了这位总经理的帮助，维克多很快在墨西哥建立了他的连锁店，并迅速发展起来。

小故事大改变

人总是从陌生到相识。现在你遇到的某个陌生人，也有可能成为你日后的贵人。在人际关系上不要吝啬，真诚对待每一个人，就是为自己积累资本。

广交朋友，有益于发现贵人，为自己的事业带来腾飞的机遇。

5000 两银子能赚多少钱

一个小国的国君，他要出门到远方去。临行前，他把自己身边的三位信臣召集起来，按照各人的才干，给他们一些银子。后来，国王回国了，就把大臣叫到身边，了解他们经商的情况。

第一个大臣说："主人，你交给我 5000 两银子，我已用它赚了 4000 两。"

国王听了很高兴，赞赏地说："好，你既然在赚钱的事上对我很忠诚，又这样有才能，我要把许多事派给你管理。"

第二个大臣接着说："主人，你交给我 1500 两银子，我已用它赚了 1500 两。"

国王也很高兴，赞赏这个大臣说："我可以把一些事交给你管理。"

第三个大臣来到主人面前，打开包得整整齐齐的手绢说："尊敬的主人，看哪，您的 500 两银子还在这里。我把它埋在地里，听说您回来，我就把它挖了出来。"

国王的脸色沉了下来，说道："你这又愚又懒的大臣，你浪费了我的钱！"

于是收回他这 500 两，给了第一个大臣，并说："凡是能赚钱的还要多给他，不能赚钱的，原来的也要收回来。"

第一位大臣很会利用手中的现有的资源，使其实现增值；第二位大臣也不错，使手中资金翻倍；而第三位大臣一叶障目，认为手中的动了就不是原有的了，小心翼翼地藏着，却不知手中资源的潜在发展。手中的钱就像我们自己所拥有的人脉资源一样，形不同而质同。

小故事大改变

在我们现实生活中也一样，当你刚刚开始准备创业的时候，或者开展一个项目的时候。你可能没有钱，没有设备，没有技术。不要紧，只要你有人脉资源就行。人脉在现代生活中已经成为创造财富不可缺少的因素。

命运背后的推手

这是发生在美国的一个真实故事。

一个风雨交加的夜晚，一对老夫妇走进一间旅馆的大厅，想要住宿一晚。

无奈饭店的夜班服务生说："十分抱歉，今天的房间已经被早上来开会的团体订满了。若是在平常，我会送二位到没有空房的情况下用来支持的旅馆，可是我无法想象你们要再一次地置身于风雨中，你们何不待在我的房间呢？它虽然不是豪华的套房，但是还是蛮干净的，因为我必须值班，我可以待在办公室休息。"

这位年轻人很诚恳地提出这个建议。

老夫妇大方地接受了他的建议，并对造成服务生的不便致歉。

隔天雨过天晴，老先生要前去结账时，柜台仍是昨晚的这位服务生，这位服务生依然亲切地表示："昨天您住的房间并不是饭店的客房，所以我们不会收您的钱，也希望您与夫人昨晚睡得安稳！"

老先生点头称赞："你是每个旅馆老板梦寐以求的员工，或许改天我可以帮你盖栋旅馆。"

几年后，他收到一位先生寄来的挂号信，信中说了那个风雨夜晚所发生的事，另外还附一张邀请函和一张纽约的来回机票，邀请他到纽约一游。

在抵达曼哈顿几天后，服务生在第5街及34街的路口遇到了这位当年的旅客，这个路口正矗立着一栋华丽的新大楼，老先生说："这是我为你盖的旅馆，希望你来为我经营，记得吗？"

这位服务生惊奇莫名，说话突然变得结结巴巴："你是不是有什么条件？你为什么选择我呢？你到底是谁？"

"我叫作威廉·阿斯特，我没有任何条件，我说过，你正是我梦寐以求的员工。"

这旅馆就是纽约最知名的华尔道夫（Waldorf）饭店，这家饭店在 1931 年启用，是纽约极致尊荣的地位象征，也是各国的高层政要造访纽约下榻的首选。

当时接下这份工作的服务生就是乔治·波特，一位奠定华尔道夫世纪地位的推手。

是什么样的态度让这位服务生改变了他生涯的命运？显然是他遇到了"贵人"，你也许会认为是这位服务生"幸运"，他的成功是偶然的。可是如果当天晚上是另外一位服务生当班，会有一样的结果吗？正是因为这位服务生不是"唯钱是图"，而是善于对待每一个人，这样他的人脉关系才越来越广，在人际交往中的口碑就越来越高，那么他通过人际关系获得成功也就成为必然的了。

小故事大改变

心理学家马斯洛的需求理论告诉我们，人类的需求是有层级之分的：在安全无虞的前提下，追求温饱；当基本的生活条件获得满足之后，则要求得到社会的尊重，并进一步追求人生的最终目标：自我价值的实现。低级的需求我们可以通过自己的努力实现，而更高级的需求却不是一个人所能完成的，它必须建立在自身的能力以及自己拥有的人脉关系之上。因此，你必须认识人脉关系的重要性，进而经营并完善自己的人脉圈，来达成自己的生活目标。

经营人脉就是通过人脉关系使自己的生活更上一台阶，使自己的事业发展越来越成功。

亿万富翁的哲学

有一位亿万富翁在接受某杂志社记者的采访时，坦然地承认他有两亿美元的财产。不过他在说完后，却又马上补充了一句："其实只有一亿美元是我自己辛苦赚来的。"

"那么其他的一亿元是怎么来的呢？是你继承的遗产吗？"记者马上追问。

"不！不！我没有继承任何人的遗产。"亿万富翁说。

"那你的钱到底是怎么来的呢？"记者又问。

"其他的一亿美元是别人帮我赚来的。当我和别人交往的时候，我无时无刻不在替别人着想，这也是我能够得到另外一亿元的原因。"亿万富翁这么说。

这位亿万富翁的哲学，相信对你一定会有所启发。我们都有着自己的人脉网络，只要你善于开发，每一个人都会成为你的金矿。

小故事大改变

好人脉能够为你创造机遇。不善于经营人脉的人无法有效地把握迎面走来的机遇，他们常常与机遇失之交臂；而善于经营人脉的人却能牢牢将机遇抓在手中。

再穷也要站在富人堆里

看过电影《当幸福来敲门》的人，对其中一个场景应该记忆深刻。

克里斯·加德纳（威尔·史密斯饰演）在一个股票经纪公司实习。实习生共有 20 人，他们必须无薪工作 6 个月，最后只能录用一个人，这对克里斯·加德纳来说实在是一个极大的挑战。

实习期间，克里斯接受了一项任务：推销股票。有一个机会，他去拜访一个成功的客户。这个客户住在高档的别墅里，有花园、游泳池，当然他还有着自己不小的产业，是一位成功人士。而克里斯只是一个穷小子，租不起房，只有一件穿得出去的衣服。面对他，克里斯并没有自惭形秽，而是像一个老朋友一样，打招呼问候，并和他一起去包间看橄榄球比赛。这些生活对克里斯来说，曾经是做梦也无法达到的。克里斯与那些成功人士一起，推杯换盏，谈笑自若，毫不拘束。后来，这个客户又给克里斯介绍了很多生意。

最终，克里斯凭借自己的努力完成了任务，脱颖而出，获得了股票经纪人的工作，并且随后创办了自己的公司。

小故事大改变

世界上最会赚钱的犹太人信奉这样一条格言：穷也要站在富人堆里。也许很多人无法理解：与富人站在一起，只能显出自己是一个失败者，徒增自己的悲哀；也有人可能想得更为积极一些，与富人在一起，会激发自己成功的决心。虽然有道理，但这不是全部的意义。

要想成为富人，我们应该牢记这样一个事实：只有和富人在一起才会让别人也认为你是一个成功者，你身边的富人会无形中增加你的人际影响力。

站在富人堆里，汲取他们致富的思想，激发自己成功的斗志，比肩他们成功的状态，才能真正实现致富的目标。

杰克·伦敦生命中的"贵人"

美国作家杰克·伦敦的童年贫穷而不幸。14 岁那年，他借钱买了一条小船，开始偷捕牡蛎。没想到潮汐之后被水上巡逻队抓住，被罚去做劳工。杰克·伦敦瞅着"空子"逃了出来，从此走上了流浪水手的道路。两年以后，杰克·伦敦随姐夫一起到阿拉斯加，加入到淘金者的队伍。在淘金者中，他结识了不少朋友。他的这些朋友中干什么的都有，而大多数都是美国的劳苦人民，虽然生活困苦，可他们的言行举止中充满了生存的活力。

杰克·伦敦的朋友中有一位叫作坎里南的中年人，他来自芝加哥，他的辛酸历史简直可以写成一部厚厚的书。杰克·伦敦经常与他在月光下的乱石堆里聊天，听他讲故事，常常不禁潸然泪下。而这更加坚定了杰克·伦敦心中的一个目标：写作，写淘金者的生活。

在坎里南的帮助下，杰克·伦敦利用休息时间看书、学习。1899 年，23 岁的杰克·伦敦写出了处女作《给猎人》，接着又出版了小说集《狼之子》。这些作品都是以淘金工人的辛酸生活为主题的，赢得了广大下层人士的喜爱。

杰克·伦敦渐渐走上了成功的道路，他的著作畅销也给他带来了巨额的财富。

交朋友发现贵人，杰克·伦敦才走向了成功。

🍌小故事大改变

无论如何，你都不要忽略你的朋友，给他以真诚，给他以帮助。多一个朋友也就多一份信任，多一份机遇，多一条道路。在你漫漫的人生旅途中，在求索事业的艰辛历程中，才不显得孤独，才不显得孤立无助。那些轻视友谊、自私自利的人都是很难获得朋友的，特别是获得诚挚忠心的朋友更是难于上青天。

奥巴马的"关系圈"

美国第 44 任总统奥巴马，一个黑白混血儿，一个在没有父母陪伴的环境中成长的人，一个从名牌院校毕业却投入贫困社区工作的人，一个在大多数人怀疑目光中走向既定目标的人。奥巴马，已经在美国创造了一个奇迹，奥巴马的这个奇迹得益于自己建立的"关系圈"。

奥巴马没有显赫的政治背景，他所依靠的力量大多来自多年来培养的"关系"，比如他竞选阵营的顶级顾问戴维·阿克塞尔罗德，就是他近 20 年的好友。1992 年，奥巴马参与前总统比尔·克林顿的竞选，与志愿者贝迪鲁·萨尔茨曼共事。萨尔茨曼对奥巴马印象深刻，牵线让奥巴马和戴维·阿克塞尔罗德会面，两人一见如故，阿氏被奥巴马引为知己，成为其"关系圈"中重要的人物。

奥巴马的另外一位政坛密友则是已被他宣布为未来白宫办公厅主任、曾为伊利诺伊州国会众议员的拉默·伊曼纽尔。比奥巴马大 2 岁的伊曼纽尔曾是前总统克林顿的助手，2002 年当选众议员选举前是众议院民主党党团会议主席，是众议院第 4 号人物。

2002 年，奥巴马决定竞选参议员。他之所以能够成为民主党政治新星，是因为获得了总统候选人克里的赏识，受邀在 2004 年民主党大会上做主题演讲。正是在这次演讲中，奥巴马有机会充分展示自己的口才，走上全国政坛。

在长达 22 个月的竞选过程中，奥巴马对自己的定位把握得很小心，既要作为一个美国政坛的新面孔和局外人，又要为符合总统一职要求而展现出他的才识和勇气。令美国民众最受鼓舞的是，奥巴马并非让他们相信他带来了变革，而是相信他们自己能实现这种变革。

随着这种信任的逐渐加深，加入其"圈子"的政治和经济界人物越来越多，包括为其寻找副总统竞选搭档的前总统约翰·肯尼迪的千金卡罗琳·肯尼迪和掌管美国最大对冲基金之一 Citadel 投资集团的亿万富翁肯·格里芬。

〜小故事大改变

奥巴马能顺利当上总统并取得非凡的成就，并不是靠他自己一个人的努力，除去他的竞选团队，背后还有着成千上万的人帮他，这个有价值的人际网络给了他巨大的力量和帮助，帮助他达到了自己的目标。从奥巴马的经历来看，他一直都在培养自己的关系圈，积蓄力量。那么你呢，你利用和发展好你的人际关系网络了吗？

借名人之名办事

1964 年，尼克松在大选中败给了肯尼迪，百事可乐公司认准尼克松的外交能力，以年薪 10 万美元的高薪聘请尼克松为百事可乐公司的顾问和律师。尼克松接受了，利用他当副总统的旧关系，周游列国，积极兜售百事可乐，使百事可乐在世界上的销售额直线上长，尤其是他还帮助百事可乐占领了中国的台湾市场。

美国一出版商有一批滞销书久久不能脱手，他忽然想出了一个主意：给总统送去一本书，并三番五次地征求意见。忙于政务的总统不愿与他多纠缠，便回了一句："这本书不错。"出版商便借总统之名大做广告，"现有总统喜爱的书出售"，于是，这些书一抢而空。不久，这个出版商又有书卖不出去，又送一本给总统，总统上过一回当，想奚落他，就说："这书糟透了。"出版商闻之，脑子一转，又做广告："现有总统讨厌的书出售了"，不少人出于好奇争相抢购，书又售罄。第三次，出版商将书送给总统，总统接受了前两次的教训，便不做任何答复，出版商却也大做广告："现有令总统难以下结论的书，欲购从速。"居然又被一抢而空，总统哭笑不得，商人却借总统之名大发其财。

小故事大改变

"借名"是办事最佳的选择，借名中借总统之名又是最大的成功。上述例子中的主人公正是利用了不同的美国总统的名声，为自己扬名为自己谋利。结果，投入不多，影响巨大，花钱很少，收益甚丰。

"名人效应"是一种常见的社会现象，也是令人梦寐以求的无形资产。只要找到了"借"的创意，就获得了打开"宝库"的金钥匙。

穷小子咸鱼大翻身

十几年前，张景还只是一个来自河南乡下的穷小子，现在他的生意已经做到了国外。他凭什么赢得了如此多的财富？套用他自己的话就是"我能有今天，靠的都是朋友的帮助"。的确，是人脉造就了他这个富翁。

大学毕业后，张景被朋友推荐去了一家珠宝公司任总经理，负责在上海的业务。工作期间，他认识了第一批上海朋友，其中有很多都是在上海的香港人。在这些香港朋友的介绍下，他加入了上海香港商会，又经推荐当上了上海香港商会的副会长。利用这个平台，他认识了更多的在上海工作的香港成功人士。

后来，张景在朋友的推荐下开始投资房地产。由于当时上海的房地产已经开始火热起来，有时候即使排队都买不到房子。但在朋友的帮助下，张景通过一些朋友，不但很容易买到房子，而且还是打折的。几年后，在朋友的建议下，张景又陆续把手上房产变现，收益颇丰。

张景目前的资产已经超过八位数，朋友则有两三千个。他说，自己的事业得到朋友的帮助，才会这么顺利。"包括开公司，介绍推荐客户和业务等等，各种朋友都会照顾我，有什么生意会马上想到我。"张景非常善于积累人脉，为了认识更多的朋友，他随身都带着自己的名片。他说："哪天要是出去没有带名片，我会浑身不自在，就像自己没有带钱出去一样。"

小故事大改变

一些人之所以能从穷人转化成富人，是因为他们非常注重对人脉资源的投资，而一些人之所以一辈子都跳不出穷人的怪圈，是因为他们从来不懂得积累人脉。

人脉就像银行存款一样，存入越多，时间越长，兑现出来的利息就越多。所以，如果你想脱离穷人变成一个富人，那么就要有意识地去编织自己的人脉网，并不断地去丰富和发展它。

培植自己的广博人脉

　　李嘉诚的次子李泽楷家中实木装饰的餐厅里挂满了镜框，上面镶嵌着李泽楷与一些政界要人的合影，其中有新加坡前总理李光耀以及英国前首相撒切尔夫人等。结交上层人士广植人脉，是李泽楷能够在商界游刃有余的坚实基础。

　　1999 年 3 月，李泽楷凭借父亲李嘉诚及他个人的人脉资源和能力，使香港特区政府确立建设的"数码港"的项目，交由盈科集团投资独家兴建。李泽楷则再次利用丰富的人脉资源，收购了上市公司得信佳，并将自己的盈科集团改名为"盈科数码动力"。盈科的收购行动及数码港概念的刺激，使其股市市值由 40 亿元变成了 600 亿元，成为香港第十一大上市公司，李泽楷一天赚了 500 多亿。

　　2003 年月，李泽楷出席了在瑞士达沃斯举办的世界经济论坛，并与微软的比尔·盖茨、索尼的董事长兼首席执行官出井伸之这些杰出的企业家在一起讨论。这使得李泽楷的个人形象在商界更具有影响力，同时也为李泽楷在商界赚得更多财富，培植了广博的人脉。

🥄小故事大改变

激励大师安东尼·罗宾曾说:"人生最大的财富便是人脉关系,因为它能为你开启所需能力的每一道门,让你不断地成长,不断地贡献社会。"

处在社会联系之网的你、我、他都要不失时机地广交朋友,积极为自己创造机遇,主动结交朋友,多和陌生人交谈,参加各种聚会,喜欢同人招呼,把自己作为一个"交流场"。这样,你的结交网越大,你发现贵人的可能性就越大。认识的人愈多,发现贵人的机遇就愈多。

人们成功机遇的多少与其交际能力和交际活动范围的大小几乎是成正比的。因此,我们应把营造好人脉与捕捉成功机遇联系起来,充分发挥自己的交际能力,不断扩大自己的人脉网,发现和抓住难得的发展机遇,就能轻松拥抱成功!

结交比自己优秀的人

美国有一位叫阿瑟·华卡的农家少年,在杂志上读了某些大企业家的故事,他很想知道得更详细些,并希望能得到他们的忠告。

于是,有一天,他跑到纽约,也不管几点开始上班,早上7

点就来到纽约最著名的律师——威廉·B·亚斯达的事务所。在第二间房子里，华卡立刻认出了面前这位体格结实、浓眉大眼的人。高个子的亚斯达开始觉得这个少年有些讨厌，然而一听少年问他："我很想知道，我怎样才能赚得 100 万美元？"他的表情很快就变得柔和并微笑起来，后来两个人竟然谈了一个钟头。随后亚斯达还告诉他该怎样去访问其他的实业界的名人。

华卡照着亚斯达的指示，遍访了一流的商人、总编辑及银行家。

在赚钱这方面，他所得到的忠告并不见得对他有多大的帮助，但是能得到成功者的指点，给了他自信，他开始实践他认为会使他成功的做法。

过了两年，这个 20 岁的青年，成为他当学徒的那家工厂的所有者。24 岁时，他成了一家农业机械厂的总经理，不到五年，他就如愿以偿地拥有了百万美元的财富，这个来自乡村的粗陋木屋的少年，终于成为了一家著名银行的董事会的一员。

在华卡活跃于企业界的几十年中，实践着他年轻时来纽约所学到的基本信条，即多与有益的人结交，他坚信会见成功立业的前辈，能转变一个人的机遇。

小故事大改变

一个人在办事过程中，不应该过分依赖已有的旧友，而要不断地建立新的人际关系和高级的人际关系。所谓高级的人际关系，说得简单一点就是和比你优秀的人结交。为了建立高层次的人际关系，为办事提供更多的方便，就有必要把自己置身于高档次的场所中。

"感谢周围的人对我的帮助"，这是多数成功人士常常挂在嘴边的话。交往中是否有人缘，很大程度上左右着个人的发展。所以我们应当从现在开始建立良好的高层次的人际关系。

怀才若有遇，需靠贵人助

李鸿章早年屡试不第，"书剑飘零旧酒徒"，他一度郁闷失意，然而幸运的他遇到了一棵大树——曾国藩，从此他的宦海生涯翻开了新的一页。

李鸿章拜访曾国藩，牵线搭桥的是其兄李瀚章，李瀚章是曾国藩的心腹，当时随曾国藩在安徽围剿太平军。有了这层关系，曾国藩把李鸿章留在幕府，"初掌书记，继司批稿奏稿"。李鸿章素有才气，善于握管行文，批阅公文、起草书牍、奏折甚为得体，深受曾国藩的赏识。

有一次曾国藩想要弹劾安徽巡抚翁同书，因为他在处理江北练首苗沛霖事件中决定不当，后来定远失守时又弃城逃跑，未尽封疆大吏守土之责。曾国藩愤而弹劾，指示一个幕僚拟稿，总是拟不好，亲自拟稿也还是拟不妥当，觉得无法说服皇帝。

因为翁同书的父亲翁心存是皇帝的老师，弟弟是状元翁同龢。翁氏一家在皇帝面前正是"圣眷"正隆的时候，而且翁门弟子布满朝野。

怎样措辞才能让皇帝下决心破除情面，依法严办，又能使朝中大臣无法利用皇帝对翁氏的好感来说情呢？曾国藩颇为踌躇。

最后，李鸿章巧妙地为他解决了问题。奏稿写完后，不但文意极其周密，而且有一段刚正的警句，说："臣职分在，例应纠参，不敢因翁同书之门第鼎盛，瞻顾迁就。"这一写，不但皇帝无法徇情，朝中大臣也无法袒护了。曾国藩不禁击节赞赏，就此入奏，朝廷将翁同书革职，发配新疆。

通过这件事，曾国藩更觉李鸿章可用。不久，在曾国藩大力推荐下，李鸿章出任江苏巡抚等职，踏上了一条崭新的人生道路。

小故事大改变

我们一直相信"爱拼才会赢"，但偏偏有些人付出的努力和最终的结局往往不成正比。究其原因，是缺少贵人相助所致。在向事业高峰攀登的过程中，贵人相助绝对是不可缺少的一个环节。有贵人相助，可以使你尽快地取得成功，甚至可以飞黄腾达、扶摇直上。

一个人若有才华，如果没有合适的人为你提供机会，帮你提携，才华可能会埋没，以致英雄无用武之地。怀才若有遇，需靠贵人助。因此，你应当注意结交各种成功人士，不失时机地展示自我，进而打开机遇之门。

所有打不跨你的，使你更强大

生命永远是美丽的，但美丽的生命却离不开风风雨雨的吹打和磨炼。铁经百炼始成钢，石历千雕方成玉。不经历挫折的人生是不完整的人生，不体会失败的痛楚也难以品味成功的甘甜。莲花因为出淤泥而更加高洁，生命因为笑对挫折而更加精彩。

摔打是人生的必修课

　　小马驹刚刚出生的时候，浑身湿漉漉的，犹如从水坑里刚打捞出来的一根木棒。小马驹会使劲地支撑前肢，想尽快站立起来，刚开始的几次，刚刚立起前半身就很快倒下了。起来，倒下，又起来，一次又一次，但每一次都会比前一次有所进步。这时，母马走上前去，用鼻子对着湿漉漉的小马驹喷出气来。小马驹闻到母亲的气味，就更加用力了，两条后腿也慢慢支了起来。四条腿弯弯地叉开着，难以撑住整个身体，然后重重地摔倒。这样反复摔了几次，小马驹终于可以站稳了，并朝妈妈那里晃晃悠悠地走出几步，接着又是摔倒。母马发现小马驹走过来时，不是去迎接，却是又向后退几步，小马驹前进一步，它就往后退一步；小马驹倒下了，母马就又前进一步。有人发现母马故意折腾小马驹，让这么小的生命遭受痛苦，就想过去搀扶一把。马的主人就会拦住他，并说："一扶就糟了。一扶，这马就成不了好马，一辈子都是个熊货！"

　　在飞蛾的世界里，有一种飞蛾名叫"帝王蛾"。它的幼虫时期要在一个洞口极其狭小的茧中度过。当它的生命要发生质的飞跃时，这狭小的通道将严重束缚住它的身体活动范围，对它来讲简直变成了鬼门关，它还有些娇嫩的身躯必须拼尽全力才能够破茧而出，不少幼虫常常就是在往外冲杀时不幸身亡。有人不忍心看它痛苦的炼狱过程，就拿来剪刀剪大茧子的洞口。这样茧中的幼虫不必费多大力气，很快就轻易钻了出来。但是，所有靠外力救助而见到天日的飞蛾都成不了真正的"帝王蛾"，因为它们根本就飞不起来了，只能贴着地面滑行。原来，那狭小的茧洞正是帮助帝王蛾锻炼两翼的关键所在。穿越的时候，它通过用力挤压，血液才能顺利送到蛾翼的组织中去；只有双翼充血，帝王蛾才能振翅飞翔。

小故事大改变

摔打、磨难，常常是生命中必须独自体验和经历的过程。这个过程是痛苦的，但正是这个过程，让生命得到了锤炼和磨砺，造就人生的坚强意志，使生命得以茁壮成长、出类拔萃。逃避这个过程，只能成为平庸的生命而永远也成不了千里马、帝王蛾。

石历千雕始成玉，铁经百炼方成钢。人生要经历摔打才能成熟，每经过一次摔打就向成功迈进了一步。只有经历摔打，才能驰骋于人生的大舞台。

与上帝作战的西西弗斯

人的一生绝不可能是一帆风顺的，有成功的喜悦，也有无尽的烦恼；有波澜不惊的坦途，更有布满荆棘的坎坷与险阻。当苦难的浪潮向我们涌来时，我们唯有与命运进行不懈的抗争，才有希望看见成功女神高擎着的橄榄枝。

古希腊神话传说中，有这样一个故事，很耐人寻味：

天神西西弗斯因为在天庭犯了法，遭到宇宙之神宙斯惩罚，降到人世间来受苦。宙斯对他的惩罚是：推一块石头上山。每天，西西弗斯都费了很大的劲儿把那块石头推到山顶，然后回家休息时，石头又会自动地滚下来。于是，西西弗斯又要把那块石头往山上推。这样，西西弗斯不得不在永无止境的失败命运中，受苦受难。西西弗斯每次推石头上山时，其他天神都打击他，告诉他不可能成功。但西西弗斯不肯认命，一心想着推石头上山是他的责任，只要把石头推上山顶，责任就尽到了。至于石头是否会滚下来，那不是我的事。

所以，当西西弗斯努力地推石头上山的时候，他心中显得非常的平静，因为他安慰着自己：明天还有石头可推，明天还有希望。

宙斯对西西弗斯无可奈何，最后只好放他回了天庭。

把困难当作机遇，把命运的折磨当作人生的考验，把今天的苦楚寄希望于明天的甘甜，这样的人，即便是上帝对他也无能为力。

小故事大改变

苦难，在不屈的人们面前会化成一种礼物，这份珍贵的礼物会成为真正滋润你生命的甘泉，让你在人生的任何时刻，都不会轻易被击倒！

永不退缩的总统

坚持到底的最佳实例可能就是亚伯拉罕·林肯。如果你想知道有谁从未放弃，那就不必再寻寻觅觅了！

生下来就一贫如洗的林肯，终其一生都在面对挫折，八次竞选八次落败，两次经商失败，甚至还精神崩溃过一次。

好多次，他本可以放弃，但他并没有如此，也正因为他始终没有放弃，他才成为美国历史上最伟大的总统之一。

林肯天下无敌，而且他从不放弃。

以下是林肯进驻白宫前的简历：

1816年，家人被赶出了居住的地方，他必须工作以抚养他们。

1818 年，母亲去世。

1831 年，经商失败。

1832 年，竞选州议员——但落选了！

1832 年，工作也丢了——想就读法学院，但进不去。

1833 年，向朋友借钱经商，但年底就破产了，接下来他花了十六年，才把债还清。

1834 年，再次竞选州议员——赢了！

1835 年，订婚后即将结婚时，未婚妻却死了，因此他的心也碎了！

1836 年，精神完全崩溃，卧病在床六个月。

1838 年，争取成为州议员的发言人——没有成功。

1840 年，争取成为选举人——失败了！

1843 年，参加国会大选——落选了！

1846 年，再次参加国会大选，这次当选了！前往华盛顿特区，表现可圈可点。

1848 年，寻求国会议员连任——失败了！

1849 年，想在自己的州内担任土地局长的工作——被拒绝了！

1854 年，竞选美国参议员——落选了！

1856 年，在共和党的全国代表大会上争取副总统的提名——得票不到一百张。

1858 年，再度竞选美国参议员——再次失败。

1860 年，当选美国总统。

此路艰辛而泥泞。一只脚滑了一下，另一只脚也因而站不稳；但他缓口气，告诉自己，"这不过是滑一跤，并不是死去而爬不起来。"——林肯在竞选参议员落败后如是说。

小故事大改变

失败并不可怕，可怕的是放弃成功的机会，放弃坚持的努力。没有谁的人生是一帆风顺的，如果遭遇不幸，也不要怨天尤人，只有自强才有出路，才能打败挫折，才能成为真正的英雄。

巨著原稿被烧之后

托马斯·卡莱尔是 19 世纪前半期的英国作家，以《法国大革命史》和《英雄、英雄崇拜及历史上的英雄人物》两书而闻名于世。

《法国大革命史》第一卷即将付印之前，卡莱尔答应经济学家米尔的要求，把原稿先借给他看一看。接着，米尔又把它转借给泰拉夫人阅读。然而有一天，泰拉夫人不小心，把这部读了一半的原稿放在房间的一角，自己出门去了。女仆进来打扫房间，把它当成了废纸，扔进了暖炉里生了火，珍贵的书稿顿时化成了灰烬。这怎么办呢？作者又没有留下副本。米尔和泰拉夫人急得毫无办法，最后只得把情况如实告诉了卡莱尔。卡莱尔听到这一消息，脑袋"嗡"的一声，半天说不出话来。可对这无法挽回的损失他没发一句怨言，只是在心里默默地安慰自己："可怜的米尔，我必须不让你知道这是了不得的事情。"

然后，卡莱尔为了排解自己内心的焦急和苦恼，尽量克制自己，先是静静地坐下来读小说。据他自己说，他连续读了几个星期。继而忍着难以承受的痛苦，毅然决定重新开始撰写。要想把头脑里的思想，已忘却的史实等重新思考和回忆一遍，该是多么艰难的事。可他最终战胜了自己的痛苦并完成了这部历史巨著。

小故事大改变

人的一生经常会碰到这样那样突如其来的磨难和打击，如果就此一蹶不振，自甘沉沦，结果只能是更痛苦的毁灭。卡莱尔的成功，就在于他首先战胜了自己。

败中崛起的卡耐基

卡耐基出生于密苏里州玛丽维尔一个农场主家庭，他的父亲养牛，结果牛肉价格狂泻；养骡子也没挣到钱；养猪，闹起了霍乱，一夜之间死了个精光；种庄稼，又遭了大洪水。债台高筑，世事艰难，一连串的打击使父亲只活了 47 岁便弃世而去。

卡耐基人生遭受的第一次重大打击是初恋受挫，他 16 岁那年迷上了一个女同学贝茜，并鼓足勇气约她一起野炊，但却遭到了拒绝。可以想象这对一个初涉世事的少年几乎是灭顶之灾。

卡耐基是个举世闻名的演说家，但他一开始参加演说比赛曾连续输过 12 场。他的著作《美好的人生》《快乐的人生》曾为无数人鼓起了生活的风帆，但卡耐基年轻时遭受挫折后也曾想到过自杀。

应该说卡耐基少年时的经历对他日后的成功是不可缺少的铺垫，自尊心所受到的伤害为他努力奋斗积蓄下了巨大的情绪能量。也许他没有意识到，他日后的努力巨大的能量来源正是这种受挫造成的心理失衡，他要用出人头地来补偿少年时期自尊心受到的伤害，就像矮小的拿破仑用战功来作垫脚石以增高身材一样。

🍌小故事大改变

世上没有常胜将军，失败是人生中谁都要上的重要一课。唯有喝过失败的苦水的人，才能品尝到成功美酒的甘甜。

要么灰心丧气，要么奋发向上

吉尔·金蒙特的信念改变了她整个生活的方向。1955 年，18

岁的金蒙特已是全美国最受喜爱、最有名气的年轻滑雪运动员了。她的照片被用作《体育画报》杂志的封面。金蒙特踌躇满志，积极地为参加奥运会预选赛做准备，大家都认为她一定能成功。

她当时的生活目标就是要获得奥运会金牌。然而，1955年1月，一场悲剧使她的愿望成了泡影。在奥运会预选赛最后一轮比赛中，金蒙特沿着大雪覆盖的罗斯特利山坡开始下滑，没料到，这天的雪道特别滑，刚滑了几秒钟，便发生了意想不到的事故。她先是身子一歪，而后就失去了控制，像匹脱缰的野马，直往下冲。她竭力挣扎着想摆正姿势，可无济于事，一个个的筋斗把她无情地推下山坡。在场的人都睁大着眼睛紧张地注视着这一幕，心几乎提到了嗓子眼。

当她停下来时已昏迷了过去。人们立即把她送往医院抢救。虽然最终保住了性命，但她双肩以下的身体却永久性瘫痪了。金蒙特认识到活着的人只有两种选择：要么灰心丧气，要么奋发向上。她选择了奋发向上，因为她对自己的能力仍然坚信不疑。她千方百计使自己从失望的痛苦中摆脱出来，去从事一项有益于公众的事业，以建立自己新的生活。几年来，她历尽艰难学会了写字、打字、操纵轮椅、用特制汤匙进食。她在加州大学洛杉矶分校选听了几门课程，想今后当一名教师。

想当教师，这可真有点不可思议，因为她既不会走路，又没受过师范训练。她向教育学院提出申请，但系主任、学校顾问和保健医生都认为她不适宜当教师。录用教师的标准之一是要能上下楼梯走到教室，可她做不到。

但金蒙特的信念就是要成为一名教师，任何困难都不能动摇她的决心。

1963年，金蒙特终于被华盛顿大学教育学院聘用。由于她教学有方，很快受到了学生们的尊敬和爱戴。她教那些对学习不感兴趣、上课心不在焉的学生也很有办法。她向青年教师传授经验说："这些学生也有感兴趣的东西，只不过和大多数人的不一样罢了。"

金蒙特终于获得了教授阅读课的聘任书。她酷爱自己的工作，学生们也喜欢她，师生间互相帮助、共同进步。

后来，她父亲去世了，全家不得不搬到曾拒绝她当教师的加里福尼亚州去。

她向洛杉矶学校官员提出申请，可他们听说她是个"瘸子"就一口回绝了。金蒙特不是一个轻易就放弃努力的人，她决定向洛杉矶地区的90个教学区逐一申请。在申请到第十八所学校时，已有三所学校表示愿意聘用她。学校对她要走的一些坡道进行了改造，以适于她的轮椅通行，这样，从家里坐轮椅到学校教书就不成问题了。另外，学校还破除了教师一定要站着授课的规定。

从此以后，她一直从事教师职业。暑假里她访问了印第安人的居民区，给那里的孩子补课。

很多年过去了，金蒙特从未得过奥运会的金牌，但她却得到了另一块金牌，那是为了表彰她的教学成绩而授予她的。

～小故事大改变

热忱可以说是一切成功的基础。一个人如果对人生、对工作、对朋友、对事业没有热忱，那么他一定不会有大的作为。正如爱迪生所言：热情是能量，没有热情，任何伟大的事情都不能完成。年轻人为什么说是社会的未来，那就是因为他们有热情。他们对自己的未来有热情，对社会的未来有热情。热情像一股神奇的力量，吸引着他们。世界上的一切，都在充满热忱的人的手上。

有毅力的人才能获得好运

一谈到小泽征尔先生，许多人都知道，他堪称全日本足以向世界夸耀的国际大音乐家、名指挥家。然而，他之所以能够建立今天名指挥家的地位，乃是参加贝桑松音乐节的"国际指挥比赛"带来的。

在这之前，他不只与世界无关，即使在日本，也是名不见经传。

他决心参加贝桑松的音乐比赛，是受到同为音乐伙伴的 A 先生鼓励，但他自决定参加音乐比赛开始，日日都以能得到音乐比赛奖为目标，几乎是废寝忘食地不断练习。

经过重重困难，他终于充满信心地来到欧洲。但一到当地后，就有莫大的难关在等待他。

他到达欧洲之后，首先要办的是参加音乐比赛的手续，但不知为什么，证件竟然不够齐全，音乐实行委员会不予正式受理，这么一来，他就无法参加期待已久的音乐节了！

一般说到音乐家，多半性格是内向而不爱出风头的，所以，绝大多数的人在遇到这种状况时，必是放弃，但他却不同，他不但不打算放弃，还尽全力积极争取。

首先，他来到日本大使馆，将整件事说明原委，然后要求帮助。

可是，日本大使馆无法解决这个问题，正在束手无策时，他突然想起朋友过去告诉他的事："对了！美国大使馆有音乐部，凡是喜欢音乐的人，都可以参加。"

他立刻赶到美国大使馆。

这里的负责人是位女性，名为卡莎夫人，过去她曾在纽约的某音乐团担任小提琴手。

他将事情本末向她说明，拼命拜托对方，想办法让他参加音乐比赛，但她面有难色地表示："虽然我也是音乐家出身，但美国大使馆不得越权干预音乐节的问题。"她的理由很明白。

但他仍执拗地恳求她。

原来表情僵硬的她，逐渐浮现笑容。

思考了一会儿，卡莎夫人问了他一个问题：

"你是个优秀的音乐家吗？或者是个不怎么优秀的音乐家？"

他刻不容缓地回答："当然，我自认是个优秀的音乐家，我是说将来可能……"

他这几句充满自信的话，让卡莎夫人的手立即伸向电话。

她联络贝桑松国际音乐节的实行委员会，拜托他们让他参加音乐比赛，结果，实行委员会回答，两周后作最后决定，请他们等待答复。

两星期后，小泽征尔收到美国大使馆的答复，告知他已获准参加音乐比赛。

这表示，他可以正式地参加贝桑松国际音乐指挥比赛了！

参加比赛的选手，总共约60位，他很顺利地通过了第一次预选，终于进入正式决赛，此时他严肃地想："好吧！既然我差一点就被逐出比赛，现在就算不入选也无所谓了！不过，为了不让自己后悔，我一定要努力。"

后来小泽征尔终于获得了冠军。

由于手续上的疏忽，他无法参加音乐节，若是在当时他就此放弃，当然不可能获得指挥比赛的桂冠，也就不可能成为现在国际著名的大指挥家了！直到最后，他都没有放弃，很有耐心地奔走日本大使馆、美国大使馆，为了参加音乐节，尽了最大的努力，如此才能为他带来好运——获得贝桑松国际指挥比赛优胜奖，最终奠定了其世界大指挥家不可动摇的地位。

小故事大改变

面对挫折和失败，为了不让自己后悔，不妨再多努力一次。记住：有毅力的人才能获得更多的好运！

苦难是成功的真正情人

世界超级小提琴家帕格尼尼，是一位同时接受两项馈赠又善于用苦难的琴弦把天才演奏到极致的奇人。

他首先是一位苦难者。4岁时一场麻疹和强直性昏厥症，差点要了他的命。7岁患上严重肺炎，不得不大量放血治疗。46岁牙床突然长满脓疮，只好拔掉几乎所有的牙齿。牙病刚愈，又染上可怕的眼疾，幼小的儿子成了他手中的拐杖。50岁后，关节炎、肠道炎、喉结核等多种疾病吞噬着他的肌体。后来声带也坏了，靠儿子按口型翻译他的思想。他仅活到57岁，就口吐鲜血而亡。

死后尸体也备受磨难，先后搬迁了 8 次。

上帝搭配给他的苦难实在太残酷无情了。

但他似乎觉得这还不够深重，又给生活设置了各种障碍和漩涡。他长期把自己囚禁起来，每天练琴 10~12 小时，忘记饥饿和死亡。13 岁起，他就周游各地，过着流浪生活。他一生和 5 个女人发生过感情纠葛，其中有拿破仑的遗孀。但是，苦难才是他的真正情人，他把她拥抱得那么热烈和悲壮。

他其次才是一位天才。3 岁学琴，12 岁就举办首次音乐会，并一举成功，轰动舆论界。之后他的琴声遍及法、意、奥、德、英、捷等国。他的演奏使帕尔马首席提琴家罗拉惊异得从病榻上跳下来，木然而立，无颜收他为徒。他的琴声使卢卡观众欣喜若狂，宣布他为共和国首席小提琴家。在意大利巡回演出产生神奇效果，人们到处传说他的琴弦是用情妇肠子制作的，魔鬼又暗授妖术，所以他的琴声才魔力无穷。维也纳一位盲人听他的琴声，以为是乐队演奏，当得知台上只他一人时，大叫"他是个魔鬼"，随后匆忙逃走。巴黎人为他的琴声陶醉，早忘记正在流行的严重霍乱，演奏会依然场场爆满……

他不但用独特的指法弓法和充满魔力的旋律征服了整个欧洲和世界，而且发展了指挥艺术，创作出《随想曲》《无穷动》《女妖舞》和 6 部小提琴协奏曲及许多吉他演奏曲。几乎欧洲所有文学艺术大师如大仲马、巴尔扎克、肖邦、司汤达等都听过他演奏并为之激动。音乐评论家勃拉兹称他是"操琴弓的魔术师"。歌德评价他"在琴弦上展现了火一样的灵魂"。李斯特大喊："天啊，在这四根琴弦中包含着多少苦难、痛苦和受到残害的生灵啊！"

上帝像精明的生意人，给你一分天才，就搭配几倍于天才的苦难。上帝创造天才的方式便是这般独特和不可思议。

小故事大改变

人们不禁问，是苦难成就了天才，还是天才特别热爱苦难？

这问题难以说清。但人们分明知道，弥尔顿、贝多芬和帕格尼尼被称为世界文艺史上三大怪杰，居然一个成了瞎子、一个成了聋子、一个成了哑巴！——或许这正是上帝用他的搭配论摁着计算器早已计算搭配好的呢。

苦难是最好的大学，当然，你必须首先不被其击倒，然后才能成就自己。

被辞退了 18 次的主持人

有一位堪称世界上最成功的节目主持人，在她的 30 年职业生涯中，曾先后被辞退了 18 次。可是，她坚定不移地追求自己的信念，最后以出色的表现获得了成功。

她的名字叫莎莉·拉斐尔，她很早就有志于播音事业。由于美国大陆的无线电台都认为女性不能吸引听众，没有一家肯雇用她，于是她就跑到波多黎哥，苦练西班牙语。有一次，一家通讯社拒绝收她的稿子，她便把自己的报道出售给了电台。

1981年，她遭到纽约一家电台辞退，说她赶不上时代，结果失业了一年多。有一天，她向一位国家广播公司电台职员推销自己的清谈节目构想。

"我相信公司会有兴趣的。"那个人说，但此人不久就离开了国家广播公司。后来，她碰到了该电台的另一位职员，再次抛出自己的构想。此人也夸这是一个好主意，但不久此人也失去了踪影。最后，她说服了第三位职员雇用她，这个人虽然答应了，但提出要她在政治台主持节目。

"我对政治所知不多，恐怕难以成功。"莎莉·拉斐尔对丈夫说。不过，丈夫热情地鼓励她应该尝试一下。1982年夏天，她的节目终于开播了。

由于对广播早已驾轻就熟，于是她便利用自己的这一长处和平易近人的作风，大谈7月4日美国国庆日有什么意义，又请听众打电话谈谈他们的感受。

众多听众立刻对这个节目发生了浓厚的兴趣，她也通过自己的勤奋，在战胜挫折后一举成名。后来，莎莉·拉斐尔成为自办电视节目著名主持人，曾经两度获奖。在美国、加拿大和英国，每天有 800 万观众收看她的节目，瞻慕她的风采。

小故事大改变

尽管我们常常急于表现自己，但是属于我们的机遇和幸运却常常姗姗来迟。或许我们一再被冷遇折磨，但是，只要坚持下去，勤奋不懈地付出自己的辛劳和努力，就一定会有出头之日。

大道是为自强不息的人铺就的

在美国，有一个名叫雷·克洛的人。他出生的那年，恰遇西部淘金热结束，一个本来可以发大财的时代与他擦肩而过。

按理说，读完中学就该上大学。可是 1931 年的美国经济大萧条，使其囊中羞涩而和大学无缘。

后来他想在房地产方面有所作为，好不容易生意才打开局面，不料二次世界大战烽烟四起，房价急转直下，结果"竹篮打水一场空"。

就这样，几十年来低谷、逆境和不幸一直伴随着雷·克洛，命运无情地捉弄着他。

五十六岁时，雷·克洛来到加利福尼亚州的圣伯纳地诺城，看到牛肉馅饼和炸薯条备受青睐，于是到一家餐馆，学做这种东西。对于一个年过半百的学徒来说，其中的艰辛是完全可想而知的。

后来，这家餐馆转让。雷·克洛毅然接了过来，并且将餐馆的招牌改为"麦当劳"。现在它在全世界已有 5637 个分店，年收入高达 4.3 亿美元。

雷·克洛是一个时运不济的人，可他没有怨天尤人，而是执著追求，活得有滋有味。他用五十多年光阴里的无数次失败最终换回了一次成功。

小故事大改变

时运不济并非没有时运，而是时候未到，只要坚持到底，永不放弃，就一定能迎来成功的那一天。成功的大路总是为那些审时度势、自强不息的人铺就的。

爬上最险要的高峰

很久很久以前，在一个很远很远的地方，一位老酋长正处在病危之中。

他找来村中最优秀的 3 个年轻人，对他们说：

"这是我要离开你们的时候了，我要你们为我做最后一件事。你们3个都是身强体壮而又智慧过人的好孩子，现在，请你们尽其可能地去攀登那座我们一向奉为神圣的大山。你们要尽可能爬到最高的、最险要的地方，然后，折回头来告诉我你们的见闻。"

3天后，第一个年轻人回来了，他笑生双靥，衣履光鲜：

"酋长，我到达山顶了，我看到繁花夹道，流泉淙淙，鸟鸣嘤嘤，那地方真不坏啊！"

老酋长笑笑说：

"孩子，那条路我当年也走过，你说的鸟语花香的地方不是山顶，而是山麓。你回去吧！"

1周以后，第二个年轻人也回来了，他神情疲倦，满脸风霜：

"酋长，我到达山顶了。我看到高大肃穆的松树林，我看到秃鹰盘旋，那是一个好地方。"

"可惜啊！孩子，那不是山顶，那是山腰，不过，也难为你了，你回去吧！"

1个月过去了，大家都开始为第三位年轻人的安危担心，他却一步一蹭，衣不蔽体地回来了。他发枯唇燥，只剩下清炯的眼神：

"酋长，我终于到达山顶。但是，我该怎么说呢？那里只有高风悲旋，蓝天四垂。"

"你难道在那里一无所见吗？难道连蝴蝶也没有看见一只

吗？"

"是的，酋长，高处一无所有。你所能看到的，只有你自己，只有'个人'被放在天地间的渺小感。"

"孩子，你到的是真的山顶。按照我们的传统，天意要立你做新酋长，祝福你。"

小故事大改变

唯有能够忍辱负重、不怕孤单、执著向前、永攀高峰、能够认识到自身渺小的人，才能攀上人生的巅峰。

所谓的天赋，就是永不言弃

这是美国北纽约州小镇上一个女人的故事。她从小就梦想成为最著名的演员，十八岁时，在一家舞蹈学校学习三个月后，她母亲收到了学校的来信："众所周知，我校曾经培养出许多在美国甚至在全世界著名的演员，但是我们从没见过哪个学生的天赋和才能比你的女儿还差，她不再是我校的学生了。"

被退学后的两年，她靠干零活谋生。工作之余她申请参加排练，排练没有报酬，只有节目公演了才能得到报酬。但在她参加排练的每个节目都能参加。

两年以后，她得了肺炎。住院三周以后，医生告诉她，她以后可能再也不能行走了，她的双腿已经开始萎缩了。已是青年的她，带着演员梦和病残的腿，回家休养。

她相信自己有一天能够重新走路，经过两年的痛苦磨炼，无数次的摔倒，她终于能够走路了。又过了十八年——整整十八年！她还是没有成为她梦想的演员。

在她已经四十岁的时候，她终于获得了一次机会扮演一个电视角色，这个角色对她非常合适，她成功了。在艾森豪威尔就任美国总统的就职典礼上，有 2900 人从电视上看到了她的表演，英国女王伊丽莎白二世加冕时，有 3300 人欣赏了她的表演……到了 1953 年，看到她表演的人超过 4000 万。

这就是露茜丽·鲍尔的电视专辑。观众看到的不是她早年因病致残的跛腿和一脸的沧桑，而是一位杰出的女演员的天才和能力，看到的是一个永不言弃的人，一位战胜了一切困苦而终于取得成就的大人物。

～小故事大改变

天赋不是你获得成功的资本，坚持不懈才是决定你成功的关键。只要永不放弃，失败就只是暂时的，只要坚持下去，总会有成功等在前面。

人生要有从头再来的勇气

施利华曾经是叱咤泰国商界的风云人物。他曾是一家股票公司的经理，为这家公司挣了几个亿，自己也因此发了起来。玩腻了股票，他转而炒房地产，把所有积蓄和银行贷款全都投入了房地产生意。但时运不济，1997 年 7 月的金融风暴把他从老板的宝座上拉了下来。除了一身债，施利华这个昔日的亿万富翁变得一无所有。面对命运的无情捉弄，施利华曾经万念俱灰。经过几个月的心理煎熬，他终于鼓起从头再来的勇气，和太太开了一间做三明治的手工作坊。他每天头戴小白帽，胸前挂着售货箱，沿街叫卖三明治。很多人尝了"施利华三明治"后，都喜欢上了它那独特的味道。施利华的小本生意因此越来越好，他的人生又重新鼓起了希望的风帆。

原本一无所有时白手起家自然需要不小的勇气，而从成功的巅峰跌落后再要重整旗鼓，从头再来，则需要更为非凡的勇气。因为这时不仅难以战胜困难，更难以战胜自己。如果摆脱不了过去，就难免心灰意冷、一蹶不振，甚至失去活下去的信心。只有勇于直面惨淡的现实，勇于挑战人性的弱点，才能走出昔日的阴影，也才能树立从零开始，从头再来的信念，继而扭转人生的危局，赢得最后的成功。

人生不可能不遭遇失败，不可能不需要从头再来。一个缺乏从头再来勇气的人，可能拥有过成功的人生阶段，但不可能赢得成功的人生。而每一个笑到最后的成功者，必然都具有从头再来的勇气。和田一夫原是国际流通集团——日本八佰伴集团的总裁。1997 年 9 月 18 日，八佰伴集团破产，和田一夫由富翁一夜变为穷光蛋。从拥有三十间一幢的海景房到租住一室一厅的公寓，从乘坐劳斯莱斯专车到自己买票乘坐公交车，他的生活彻底变了样。但他很快就从痛苦中站了起来，下定决心从头再来。1998 年 4 月，和田一夫创立了和田经营株式会社，并成立了"国际经营塾"。这是一个只有四名员工、十家会员企业的小公司。从这个小公司起步，和田一夫几年后又重塑了人生的辉煌。

小故事大改变

也许，我们的人生不会像施利华与和田一夫那样大起大落，但我们都会面对类似的挫折和失败。在挫折和失败面前，能否树立起从头再来的勇气，这是对人生最严峻的考验，决定着我们人生的最终走向和兴衰荣辱。

世间最珍贵的幸福是免费的

世界上最珍贵的幸福都是免费的。只要你愿意，只要你有心，你随时都可以感到愉快，你可以在阵雨中歌唱，使音乐充满你的心灵；你可以在烈日中独行，让阳光洒满你的心灵；你可以在风中散步，让风儿吹散你心中的不快，你可以……总之，只要你愿意，快乐随时都会陪伴着你。

守住自己的天堂

有一块美丽的大石头居住在一座小树林的附近，那里恬静而又美丽，长满青草，开遍鲜花，充满芳香，照理说，它应当感到非常幸运。

有一天，它望着道路，发现人们为了使路面变得更坚硬，在铺鹅卵石。突然，它产生了一个念头，它对自己说："我在这上面和青草混在一起干什么？我应当和兄弟姐妹们生活在一起，这样才是最正确的。"

它这样说着，就开始滚动，一直滚到路中间才停下来，四周全是和它类似的坚硬的卵石。

"好极了，我就呆在这儿！"

这条道路十分繁华，铁轱辘大车、奔驰的骏马、强有力的脚掌日日践踏着它。没有多少时间，美丽的石头就遇到了许多麻烦：在这些东西的蹂躏下，在灰尘、泥土和牲口粪便的包裹下，它几乎都认不出自己的本来面目了！

被玷污的石头开始向上看，它痛苦地望着它离开的地方。那里是多么绿，多么洁净，多么芳香和美丽哟！石头为它曾经拥有过的天堂叹气，但是，一切都是枉然。

糊涂的石头啊，在美丽幻象的引诱下离开了原本属于自己的芳香、美丽的天堂，最后落得满身尘埃，灰溜溜地苟活于世。

小故事大改变

那些已经拥有天堂的人们，眼睛不要老是向着别处看，在一切都是未知的情况下，守住自己的天堂才是最根本的。

世界上最珍贵的财富

萨纳丹正在恒河边数着念珠祈祷，一个衣衫褴褛的婆罗门来到他的面前说："救救我，我好苦啊！"

"我只有一只施舍碗了，"萨纳丹说，"我已经把我的东西都给光了。"

"可是大自在神托梦给我，"婆罗门说，"教我前来求你。"

萨纳丹忽然想起他曾在河堤边卵石堆里捡到一块无价的宝石，当时他想，有人也许需要它，便把它藏在沙里。

于是他给婆罗门指出了地点，婆罗门惊异地挖出了那块宝石。

婆罗门坐在地上，独自沉思，直到夕阳沉落在树林后面，放牛倌都赶着牛群回家了。他站起来，缓步走到萨纳丹面前说道："大师，有一种财富足以藐视世间一切财富，请给我一丁点儿那样的财富。"说罢，他把那块珍贵的宝石扔进了河里。

婆罗门得到了一块宝石，但他并不因此而满足，而是静坐沉思了良久，最终悟出了世界上最珍贵的财富是什么，原来那就是对财富本身的藐视。在一切不看重财富的人的眼中，它们都与粪土无异，所以也就没有任何追求的必要。

小故事大改变

一个人天天拥有好心情，即便是贫穷的，他也是富有的；相反，一个人如果天天心情沮丧，烦恼无边，就算腰缠万贯，也是个穷光蛋。快乐不快乐，不在于有多少钱，而在于有没有一个好心情。

在心灵的财富面前，一切物质财富都黯然失色。

"我在哪儿都是亨利·福特"

有一次，亨利·福特到英格兰去。在机场问讯处他要找当地最便宜的旅馆。接待员看了看他——这是张著名的脸。全世界都知道亨利·福特。就在前一天，报纸上还有他的大幅照片说他要来了。现在他在这儿，穿着一件像他一样老的外套，要最便宜的旅馆。

所以接待员说："要是我没搞错的话，你就是亨利·福特先生。

我记得很清楚，我看到过你的照片。"

那人说："是的。"

这使接待员非常疑惑，他说："你穿着一件看起来像你一样老的外套，要最便宜的旅馆。我也曾见过你的儿子上这儿来，他总是询问最好的旅馆，他穿的是最好的衣服。"

亨利·福特说："是啊，我儿子是好出风头的，他还没适应生活。对我而言没必要住在昂贵的旅馆里，我在哪儿都是亨利·福特。即便是住在最便宜的旅馆里我也是亨利·福特，这没什么两样。这件外套，是的，这是我父亲的——但这没有关系，我不需要新衣服。我是亨利·福特，不管我穿什么样的衣服，即使我赤裸裸地站着，我也是亨利·福特，这根本没关系。"

小故事大改变

人生的幸福无关豪华的物质，而在于平易的内心。

富豪沃伦·巴菲特的生活

1986 年的一天，沃伦·巴菲特出现在奥马哈的红狮饭店，接受《渠道》杂志的采访。《西海岸》的主编帕特丽夏·鲍尔报道说，巴菲特穿着卡其布的裤子、夹克，系着一条领带。"我专门为此打扮了一番的，"他有点羞怯地笑着说。

就像他的女儿苏珊说的那样："有一天，妈妈去商场，说，'咱们给他买一套新西服吧……他穿了 30 年的那套衣服我们都看烦了。'所以，我们就给他买了一件驼绒的运动夹克，一件蓝色的运动夹克，仅仅是为了让他有两件新衣服。但是，他让我把衣服退掉。他说，'我有一件驼绒的运动夹克和一件蓝色运动夹克了。'他说话的语气非常严肃，我不得不把衣服退掉。最后，我拿起一套衣服就出去了，他不知道。我甚至连衣服上面的价格标签都没看一眼。我在寻找一些穿着舒适且看起来样式有些保守的衣服。如果衣服的样式不是极端的保守，他是不会穿的。"

苏珊补充说，"他不把衣服穿到非常破旧是不肯换的。"当然，实际上，没有人会在意，巴菲特工作时是穿着男士无尾正式晚礼服还是游泳衣。

偶尔，巴菲特也会买一套西服，衣服的某些地方介于成衣和专门订制的衣服之间，因为他的衣服需要稍微地改动一下。

他的低预算风格是尽人皆知的。《华盛顿邮报》的凯瑟琳曾经这样说起他的商业老师："他这个人非常的节俭。有一次，我们在一家机场，我向他借一角硬币打个电话。他为把 25 美分的硬币换成零钱走出了好远。'沃伦，'我大声叫道，'5 美分的硬币也行呀。'他有点羞怯地把钱递给了我。"

他总是自己开车；衣服总是穿破为止；最喜欢的运动不是高

尔夫，而是桥牌；喜欢吃的食品不是鱼子酱，而是玉米花；最喜欢喝的不是 XO 之类的名，而是百事可乐。

看到地球人都知道的富翁都过着和平常人一般不二的生活，我们又有何感想的呢？

小故事大改变

其实，人生之乐，不在于高官厚禄，不在于锦衣玉食，而在于平淡中的真实。

一院菊香香满村

禅师从野外采回一颗菊花，便把它种在禅院里。到了第三年的秋天，整个禅院都长满了菊花，简直成了菊花园。花香怡人，山下的村子都能闻得到香味。

于是，村民们便上山来欣赏菊花，他们都忍不住赞叹："好美的花儿啊！"并且向禅师要求采几株花回去种在自己的庭院里。在得到禅师的同意后，他们就立刻动手挖花根了。前来要花的人接连不断，如此没经过多长时间，禅院里的菊花就被挖得一干二净。

没有了菊花的院子里显得是那样的寂寞，以至于弟子看到满院的凄凉后，对着禅师感叹道："真可惜，原本应该是香味满院的。"

禅师笑了，笑容是那样的灿烂，他说道："这样更好啊！三年后可是一村菊香。"弟子听完也会心地笑了。

睿智的禅师以自己博爱的心胸，与村民分享菊花，所以一院菊香变成了满村菊香，也从而赢得了村民的爱戴。

小故事大改变

面对快乐，独享不如分享。有人分享，快乐会加倍，忧愁会减半。我们应该学会把美好事物与人分享，让每一个人都能感受到这种幸福。分享是快乐的大门，学会分享，你就进入了快乐城堡。独享是痛苦的大门，只去独享，你就走进了痛苦的泥潭。快乐不是别人给予的，而是自己感受的。当你学会了分享，你就拥有了快乐！

没有不快乐的人，只有不快乐的心

安徒生有一则名为《老头子总是不会错》的童话故事。

乡村有一对清贫的老夫妇，有一天他们想把家中唯一值点钱的一匹马拉到市场上去换点更有用的东西。老头子牵着马去赶集了，他先与人换得一头母牛，又用母牛去换了一只羊，再用羊换来一只肥鹅，又把鹅换了母鸡，最后用母鸡换了别人的一口袋烂苹果。在每次交换中，他都想给老伴一个惊喜。

当他扛着大袋子来到一家小酒店歇息时，遇上两个英国人。闲聊中他谈了自己赶集的经过，两个英国人听后哈哈大笑，说他回去准得挨老婆子一顿揍。老头子坚称绝对不会，英国人就用一袋金币打赌，三个人于是一起来到老头子家中。

老太婆见老头子回来了，非常高兴，她兴奋地听着老头子讲赶集的经过。每听老头子讲到用一种东西换了另一种东西时，她都充满了对老头子的钦佩。她嘴里不时地说着："哦，我们有牛奶了！""羊奶也同样好喝。""哦，我们有鸡蛋吃了！"

最后听到老头子背回一袋已经开始腐烂的苹果时，她同样不愠不恼，大声说："我们今晚就可以吃到苹果馅饼了！"

结果，英国人输掉了一袋金币。

从这个故事中我们可以领悟到：不要为失去的一匹马而惋惜或埋怨生活，既然有一袋烂苹果，就做一些苹果馅饼好了，这样生活才能妙趣横生、和美幸福，这样，你才可能获得意外的收获。

小故事大改变

人的一生，就是得与失互相交织的一生。得中有失，失中有得，有所失才能有所得。

只有心怀乐观的人，才能对得失看得很淡，才能收获到真正的成功和幸福。对得与失的认知，看似平淡，却折射出一种对人生使命的思考，对物质和精神关系的透彻理解。

顺其自然，活得坦然

一场大霜冻之后，禅院的草地枯黄了一大片。

"快撒点草籽吧！好难看哪！"小和尚说。

"等春天再说吧。"师父挥挥手，"随时！"

春节刚过，师父买了一包草籽，叫小和尚去播种。

春风起，草籽边撒、边飘。

"不好了！好多种子都被风吹飞了。"小和尚喊。

"没关系，吹走的多半是空的，撒下去也发不了芽。"师父说，"随性！"

撒完种子，跟着就飞来几只小鸟啄食。

"要命了！种子都被鸟吃了！"小和尚急得跳脚。

"没关系！种子多，吃不完！"师父说，"随遇！"

半夜一阵骤雨，小和尚早晨冲进禅房："师父！这下真完了！好多草籽被雨冲走了！"

"冲到哪儿，就在哪儿发芽！"师父说，"随缘！"

一个星期过去了。

原本光秃秃的地面，居然长出许多青翠的草苗。一些原来没播种的角落，也泛出了绿意。

小和尚高兴得直拍手。

师父点头："随喜！"

太过执著，犹如握得僵紧顽固的拳头，失去了松懈的自在和超脱。

小故事大改变

生命是一种缘，是一种必然与偶然互为表里的机缘。有时候命运偏偏喜欢与人作对，你越是挖空心思想去追逐一种东西，它越是想方设法不让你如愿以偿。这时候，痴愚的人往往不能自拔，好像脑子里缠了一团毛线，越想越乱，他们陷在了自己挖的陷阱里。而明智的人明白知足常乐的道理，他们会顺其自然，不去强求不属于他的东西。

生命中的许多东西是不可以强求的，那些刻意强求的某些东西或许我们终生都得不到，而我们不曾期待的灿烂往往会在我们的淡泊从容中不期而至。

不要忘记汤匙里的两滴油

有位商人，把儿子派往世界上最有智慧的人那儿去讨教幸福的秘密，少年在沙漠里走了40天，终于来到一座位于山顶上的美丽城堡，那里住着他要寻找的智者。

少年走进了一间大厅，他目睹了一个热闹非凡的场面：商人们进进出出，每个角落都有人在进行交谈，一支小乐队在演奏轻柔的乐曲，一张桌子上摆满了那个地区最好的美味佳肴。智者正在一个个地和所有的人谈话，所以少年必须要等两个小时才能轮到。

两个小时后，少年见到了智者。智者认真地听了少年来访的原因，但他说此刻他没有那么多时间向少年解说幸福的秘密。他建议少年在他的宫殿里转上一圈，两个小时后再回来找他。

"与此同时我要求你办一件事。"智者边说边把一个汤匙递给少年，并在里面滴了两滴油，"当你走路的时候，拿好这个汤匙，不要让油洒出来。"

于是，少年开始沿着宫殿的台阶上上下下，眼睛始终紧盯着汤匙不敢放松。两个小时后，他回到了智者的面前。

"你看到了我餐厅里的波斯地毯了吗？看到园艺大师花多年心血创造出来的花园了吗？注意到我图书馆里那些美丽的羊皮纸文献了吗？"智者问道。

少年十分尴尬，他坦率地承认他什么也没有看到。他当时唯一关注的只是智者交付给他的事，即不要让油从汤匙里洒出来。

"那么，你就再回去见识一下我这里的种种珍奇之物吧。"智者说，"如果你不了解一个人的家，你就不能信任他。"

这次，少年轻松多了。他拿起汤匙重新回到宫殿漫步。他注意到了天花板和墙壁上悬挂的所有艺术品，观赏了花园和四周的山景，看到了花儿的娇嫩，注意到每件艺术品都被精心地摆放在恰如其分的位置上。当他再回到智者的面前时，少年详详细细地讲述了他所见到的一切。

"可是我交给你的两滴油在哪里呢？"智者问道。

少年朝汤匙望去，发现油已经洒光了。

"那么，这就是我要给你的唯一忠告，"智者说道，"幸福的秘密在于欣赏世界上所有的奇观异景，同时永远不要忘记汤匙里的两滴油。"

小故事大改变

幸福是什么，也许一百个人就有一百个答案。但如果能在有限的生命里，既能享受到生命过程的乐趣，又能抓住人生的课题，这就是所说的幸福的秘密了吧！

心情的颜色决定世界的颜色

在一个春光明媚的早晨，一只漂亮的鸟儿站在随风摆动的树枝上放声歌唱，树林里到处回荡着它甜美的歌声。

一只田鼠正在树底下的草皮里掘洞，它把鼻子从草皮底下伸出来，大声喊道："鸟儿，闭上你的嘴，为什么要发出这种可怕的声音？"

歌唱的鸟儿回答说："哦，田鼠先生，我总是忍不住要歌唱。你看，空气是多么新鲜，春天是多么美好，树叶是多么可爱，阳光是多么灿烂，世界是多么可爱，我的心中充满了甜蜜的歌儿，我无法不歌唱。"

"是吗？"田鼠睁大眼睛，不解地问道："这个世界美丽可爱吗？这根本不可能，你完全是胡扯！世界上的任何事情都是毫无意义的，我已经在这儿生活了这么多年，我了解得很清楚。我曾经从各个方向挖掘，我不停地挖啊挖啊，但是，我可以告诉你，我只发现了两样东西，那就是草根和蚯蚓。再没有发现过其他东西，真的，没有任何可爱的东西。"

快活的鸟儿反驳说："田鼠先生，你自己上来看看吧。从草皮底下爬上来，到阳光中来吧。你上来看看太阳，看看森林，看看这美丽可爱的世界，呼吸一下新鲜空气。这样，你也会忍不住感动得流泪。上来吧，让我们一起放声歌唱！"

只因为眼光投射的方向不同，竟能有如此大的差异，显然，快活的鸟儿和迷惑的田鼠代表了乐观主义者和悲观主义者两种持不同生活态度的人。

🙂小故事大改变

美国洛杉矶电台主持人丹尼斯·普拉格说："企图从每种情况下寻找正面意义的人，他们的生活是受祝福的；在每种情况下都只看到负面意义的人，生活则是被诅咒的。"

从发生的事情中寻找好的一面并不是自欺欺人，而是试着让自己摆脱不好的心情，走出悲愁集结而成的迷宫，看见晴朗的蓝天，呼吸快乐的空气。

如果总是把不快乐的念头放在自己心里，人生真的很难快乐起来，还不如在绝望的时候认真地问问自己：真的有这么糟吗？在绝望中寻找生机，才能体会到生命的可爱之处。

掌控好自己的心舵

英国劳埃德保险公司曾从拍卖市场买下一艘船，这艘船 1894 年下水，在大西洋上曾 138 次遭遇冰山，116 次触礁，13 次起火，207 次被风暴扭断桅杆，然而它从没有沉没过。

劳埃德保险公司基于它不可思议的经历及在保费方面带来的可观收益，最后决定把它从荷兰买回来捐给国家。现在这艘船就停泊在英国萨伦港的国家船舶博物馆里。

不过，使这艘船名扬天下的却是一名来此观光的律师。当时，他刚打输了一场官司，委托人也于不久前自杀了。尽管这不是他的第一次失败辩护，也不是他遇到的第一例自杀事件，然而，每当遇到这样的事情，他总有一种负罪感。他不知该怎样安慰这些在生意场上遭受了不幸的人。

当他在萨伦船舶博物馆看到这艘船时，忽然有一种想法，为什么不让他们来参观参观这艘船呢？于是，他就把这艘船的历史抄下来连同这艘船的照片一起挂在他的律师事务所里，每当商界的委托人请他辩护，无论输赢，他都建议他们去看看这艘船。他是想告诉大家在海上航行的船都是带伤的，人们也慢慢懂得了这个道理，这艘船也名扬天下了。

小故事大改变

在大海上航行没有不带伤的船，我们在生活中同样不可能会一帆风顺，难免会有伤痛和挫折。

世界上的幸福总是有瑕疵的，只要你有一颗肯快乐的心，就一定能在不幸中看到幸福的存在。你必须掌控好自己的心舵，下达命令，来支配自己的命运，寻找自己的快乐。只有具备了淡然如云、微笑如花的人生态度，任何困难和不幸才能被炼成通向平安的阶梯。

一颗永远 18 岁的心

一位说话清纯、满脸笑容的美容师颇得学员的好感。在讲座中，美容师让自己的学员猜一下自己的年龄。室内气氛顿时活跃起来，有的猜 31 岁，有的猜 28 岁。结果，这些答案统统被美容师微笑着摇头否认。

"现在，我来告诉大家，我只有 18 岁零几个月。"

室内哗然，继而，发出一片不信任的惊诧声。

"至于这零几个月是多少，请大家自己去衡量吧，也许是几个月，也许是几十个月，或者更多，但是，我的心情只有 18 岁！"美容师接着说。

美容师永远都保有 18 岁的心情，所以她容颜不老，青春永驻。原来，美容师采用的是心情美容法！

如果一个人的心情是蓝色的忧郁的，再昂贵的化妆品也掩饰不住她满脸的愁云，再高超的美容师也无法抚平她紧揪的眉头；反之，如果一个人的心情是快乐的，那种油然而生的流畅的女性的柔美即使素面朝天也不会被掩饰。

〜小故事大改变

心情有时像一棵树，快乐是笔直的树干。秋天来时，抖抖快乐的枝干，那些枯黄的树叶和愁云便纷纷扬扬地落地。春天来时，抖抖快乐的枝干，生活便会展开美丽的笑颜。如果保持一颗快乐的心，那么你的生命之树就会永远常青！

快乐是棵草，不用到处找

二战期间，英国詹姆斯少校在一次抗击德军的战斗中被俘，被关进了纳粹集中营，这一关就是7年。7年里，他被关在一个高4.5米、长5米的铁笼子里，除了看守他的士兵外，见不到其他任何人，没有人与他说话，也没有任何体能活动，他几乎成了一个被人遗忘的关在笼子里的动物。开始那几个月，他什么也不愿做，心情简直是坏透了，真是生不如死啊，他体会到了什么是度日如年，整日呆板地幻想着出现脱离牢笼的奇迹。他一天比一天憔悴，越想就越难受。突然有一天，他想，不能总是这样痛苦下去，应该找到某种存活的目标和乐事，使之占据心灵，以免精神失常。于是，他想到了平时最喜欢的高尔夫球。

为此，每天他都沉浸到高尔夫球场打18洞的快乐冥想中。凭着过去的记忆，他体味着高尔夫球场上的一切，包括任何微小的细节。他闭着眼睛，感觉手握球杆，练习着各种推杆与挥杆的技巧。他仿佛看到球向远处飞去，落到整齐的草坪上，弹跳了几下，滚到他想象的落点上。

他每天都把自己的思想调整到冥想打高尔夫球的活动中来，甚至体会到自己每天、每月的进步。想象中，1周7天，1天4小时，18个洞，从未间断这样的训练，愁苦的情绪一扫而光，好心情占据了整个心灵，七年如一日，每天都不再寂寞难捱。

7年后，英国军队终于解救了他。他获得自由后，第一次踏上高尔夫球场时，就打出了令人不能相信的82杆——比他过去打得最好成绩还要好，而他已整整7年没有摸球杆了。

心灵在任何时候都应该是和谐和沉着的，沉着是心灵的一种智慧，而悲哀和伤情则是心灵的焦躁和无能。不能沉着的心灵往往会给自己和他人带来想象不到的伤害。

小故事大改变

有一句话说："快乐是棵草，不用到处找。"这句流行于民间的话语简单却很深奥。快乐像草一样简单、平常，它散落于我们身边的任何地方，每天都会伴着我们迎接阳光，走进梦里。

没有黯淡的生活，只有黯淡的心灵。没有好的心情，就只能陷于不快乐的生活中。保持好心情，会让阴雨连绵的日子出现阳光，会让冰冻三尺的河流解冻，会让凋零枯萎的花朵开放，会在走投无路时踏出一条新的道路来。而如果天天保持好的心情，就会在生活中找寻到无比的快乐与幸福。

发现生活小美好，沿途风景也美丽

一个牧师在他的布道词里颂读：

"上帝给我一个任务，叫我牵一只蜗牛去散步。

我不能走得太快，蜗牛已经在尽力地爬，每次仍总是挪那么一点。

我催促它，我吓唬它，我责备它，蜗牛用抱歉的眼光看着我，仿佛说：'我已经尽了全力！'

我拉它，我扯它，我甚至想踢它，蜗牛受了伤，它流着汗，喘着气，往前爬。真奇怪，为什么上帝要我牵一只蜗牛去散步？

'上帝啊！为什么？'天上一片安静。

唉！也许上帝抓蜗牛去了！好吧！松手吧！

反正上帝不管了，我还管什么？

任蜗牛往前爬，我在后面生闷气。

待放慢了脚步，静下心来……

咦？

忽然闻到了花香，原来这边有个花园。

我感到微风吹来，原来夜里的风这么温柔。

还有！我听到鸟声，我听到虫鸣，我看到满天的星斗，多美。

以前怎么没有这些体会？

我这才想起来，莫非是我弄错了！

原来上帝叫蜗牛牵我去散步。"

🍌小故事大改变

生活幸福是我们追求的结果，但感受幸福中的点点滴滴才更加弥足珍贵。事业成功是我们追求的结果，但体会成功所付出的每一份力量和汗水才更加深刻。所以，生命的本质不仅仅要看重结果，更要享受过程，品位过程中的艰辛和喜悦，失去和收获。在"奔跑"的同时，别忽视身边的美景。

如果你能放慢一下匆忙的脚步，看一看周围，就会发现生活中的美景无处不在：漫步在幽深的小路上，呼吸着清新的空气，透过树荫，阳光在地上洒落无数碎石般的斑纹。微风拂过，扑面而来的是淡淡的花香，使人心旷神怡。仰天长望，白云掠过，几朵白云在轻轻地飘。哼一首无名的小曲，默念一首小诗。相信你在感受到这些生活之美的同时，也真正明白了人生的真正意义和价值。

走出人生的边缘

生命对于每个人来说只有一次，也正是这一点才使其弥足珍贵。

那么究竟应当怎样度过这短暂而又不可重复的人生呢？究竟怎样才能使自己的人生不留下任何遗憾呢？这是一个值得深切思考的问题。

想一想在平日的生活中，你是否因为找不到明确的人生目标而感到彷徨无助？你是否因为周遭环境的困扰而备感焦虑？怨天尤人？又是否因为信仰的缺失而时刻感到处在人生的边缘？如此种种心灵困惑和迷惘究竟应当怎样解决呢？

人生的路很长，但最关键的只有那么几步。无数的生活故事已经给我们留下了深刻的警醒和启示，无数的成功人士已经用他们的智慧为我们踏出了条条道路，重要的是我们接下来如何领悟，如何选择，如何改变。

人生苦短，奋发之日能几何？尽早地领悟人生真谛才能少走些弯路。相信智慧的力量吧，它足以改变你的一生。

智慧不在别处，它往往来源于生活，来源于发生在我们身边的点点滴滴的故事中。

翻开本书，在智慧之灯的照耀下，你的人生之路将变得越来明亮，越来越宽敞。